科学人文书系

Science & Humanities

科技政策

分配与规训的技术

不了解政策的边界，就无法掌控你为之努力的生活的纵深。

李侠 著

上海科学技术文献出版社
Shanghai Scientific and Technological Literature Press

图书在版编目（CIP）数据

科技政策：分配与规训的技术 / 李侠著．—上海：上海科学技术文献出版社，2014.3

ISBN 978-7-5439-6150-0

Ⅰ．① 科… Ⅱ．①李… Ⅲ．①科技政策—基本知识 Ⅳ．① G301

中国版本图书馆 CIP 数据核字（2014）第 028445 号

总 策 划：梅雪林　曹保印
项目负责：石　婧
责任编辑：石　婧　陈云珍
装帧设计：有滋有味
装帧统筹：尹武进

科技政策：分配与规训的技术
李　侠　著
出版发行：上海科学技术文献出版社
地　　址：上海市长乐路 746 号
邮政编码：200040
经　　销：全国新华书店
印　　刷：上海中华商务联合印刷有限公司
开　　本：787×1092　1/32
印　　张：6.5
字　　数：114 000
版　　次：2014 年 3 月第 1 版　2014 年 3 月第 1 次印刷
书　　号：ISBN 978-7-5439-6150-0
定　　价：28.00 元
http://www.sstlp.com

谨以此书献给我的母亲王淑芝(1938—2012)!

目　录

总序

科学无界，人文有仁

曹保印

这是一个热爱科学的时代，又是一个废弃科学的时代。

在这个时代里，一方面，科学无处不在，你呼吸的空气、饮用的水、站立的土地、沐浴的阳光，都被彻底科学化了；另一方面，“仁者爱人”的科学又常态化缺席，当你呼吸的空气成了被 PM2.5 浓缩的毒霾，当你饮用的水成了被 DDT 混合的毒液，当你站立的土地成了被重金属绑架的沙粒，当你沐浴的阳光也早已被水泥森林夺走了生命的温度……你就会深刻感受到人类在“自作孽不可活”之后的束手无策。尽管，这一切都是借科学之名，又都因科学而产生。

所以，很多人相信这样一句话：这是一个最好的时代，又是一个最坏的时代；这是一个充满希望的时代，又是一个充满绝望的时代。

为了拯救这个时代，更为了拯救这整个世界，于是，人文再度登场。之所以说“再度”，是因为人文一直都在，只是在这个时代中全速奔跑的人们，已经将它落在了身后，并且遗忘了它。这些全速奔跑的人们，把奔跑当成了生命的全部，甚至当成了生命本身，却忘记了当初为什么奔跑。跑得太快时，往往就会忘记等待自己的灵魂。就算偶尔想起灵魂已经远远落在了后面，也不愿意停止或者放慢自己奔跑的脚步，仿佛只要一停下来，世界就会停止，自己就会死去。慢慢地，奔跑的人们就成了科学时代的机器，无血无肉无灵魂。

很多人总是将"人文"一词挂在嘴上，似乎不说出这个词语，就显得自己不够时代，不够文明，不够有素养，不够有深度。然而，"说"与"做"在行为中的割裂，却又使这种把"人文"挂在嘴上的行为，一下子变得做作、虚伪、恬不知耻。因为，他们根本不知道，到底什么是"科学"，又到底什么是"人文"，它们之间又有何联系，对我们每一个人，对我们整个的时代、社会与世界，究竟有什么价值。

因此，我又常常感叹，这是一个热爱人文的时代，又是一个废弃人文的时代。在这个时代里，"人文"两个字只是廉价的装饰物。

事实上，不管是西方还是东方，所谓"人文"都有两层意义：一是"人"，二是"文"。前一层意义，是指理想的"人"、理想的"人性"；后一层意义，是指培育这样的"人"和"人性"所需要的内容。

在希腊人看来，理想的人、真正的人，就是自由的人。因此，整个西方的人文传统自始至终贯穿着“自由”的理念，不少与“人文”相关的词组，就是由“自由”的词根组成的，比如“人文教育”(liberal education)、文科(liberal art)等。事实上，正如北京大学哲学系教授吴国盛所说，希腊—西方的人文理想是“自由”，人文形式是“科学”和“理性”，科学一开始就是西方的人文，是自由的学问。

在中国人看来，“人文”就是《易经·贲》中所说的：“观乎天文以察时变，观乎人文以化成天下。”在汉语中，这是最早出现“人文”一词的地方。显然，这里的“人文”就是指教化。那么，教化的核心又是什么呢？那就是“仁”。也就是孔子所说的，“仁者人也，人者仁也”，两者互训互通。而仁的实现方式，即“克己复礼”，也即“克己复礼为仁。一日克己复礼，天下归仁焉”。

明白了“人文”的这些意义，再来回望与观察今天的时代，以及在这个时代里所发生的一切，你也许就会进一步理解这两句话的深刻含义：这是一个热爱科学的时代，又是一个废弃科学的时代。这是一个热爱人文的时代，又是一个废弃人文的时代。很遗憾也很悲剧的就是，在很多时候，我们不但没有用科学造福于自己，反而常常用科学造祸于自己。在有意无意之中，我们用科学的左手，砍掉了人文的右手，最后我们自己也被埋葬，或正在被埋葬的过程中。

没有人希望一出生就死去，被埋葬，而每个人都希望能够一出生就风华正茂。作为一群思想者、写作者、表达者，“科学人文书系”的作者们无力让每个人一出生就风华正茂，却希望通过自己有限的观点表达，点点滴滴地改变这个因为科学变得美好，也因为科学变得丑陋的世界，让那些已经出生了的人，不会遭遇一出生就被埋葬的悲剧性命运；至少，能够少一分绝望，多一分希望，还愿意相信每天醒来推开窗，依然能够看到正在升起的太阳，以及太阳下正在盛开的花朵。所以，我们相信、呼吁并倡导：科学无界，人文有仁！

科学是自由的学问，人文是自由的灵魂，而所有的自由都应该也需要以“仁”为核心，仁及每一个人，仁及万物生灵。所谓“克己复礼”，在今天这个时代，“克己”也许就是要合理控制自己的欲望，既不能让无限膨胀的欲望毁灭了自己，也不能让它毁灭了我们所身处的世界；而“复礼”也许就是要尊重自然，尊重常识，尊重传统，从温故而知新中获得新文明的种子，并让它在古老的土地上扎根、发芽、开花、结果。因此，尽管作者们的观点不尽相同，有的甚至针锋相对，但是，本套书系所收录的每一本书，都围绕着“仁”展开，也都试图通过作者的所思所想所述，实现每个作者心中的“仁”，并期待这种“仁”能通过文字的力量与路径，抵达更多人的心中，并在清新的空气、温暖的阳光、甘洌的泉水、洁净的土壤的哺育下，长出更美的芽，开出更美的花，结出更美的果。毕竟，大地不拒绝任何一粒种子的自由生长，而我们的社会也不应拒绝任何一种思想的自由表达。

在组织本套书系的过程中，作者们都给予了热情的支持。在此，作为本套书系的总策划，我要感谢：葛剑雄、杨东平、信力建、田松、汪永晨、蒋劲松、李多钰、李侠、郭鹏。作为本套书系的第一批作者，他们中的每一位都是探路者，也都是“抛玉引玉”者。此后，还会有更多作者陆续和读者见面，共同继续探索科学之精神，人文之魅力。因此，更需要感谢每一位读者的支持，你们每花出购书的一分钱，就是向科学与人文投去一张智慧的选票，而你们所选的必将是美好，所弃的必将是丑陋。为了让我们所处的时代成为最好的时代，请投出你们珍贵的那一张张智慧选票吧。

请记住：不绝望，就永远有希望！

（本文作者系“科学人文书系”总策划）

科技政策的缘起与发展

科技政策作为一门独立学科是非常晚近的事情,即便从它的母学科政策科学的创立算起,距今也才仅有62年的历史。作为一门学科而言,60年的历史实在是太短了。这一切要归功于美国政治学家哈罗德·拉斯维尔(Harold Dwight Lasswell,1902—1978)与丹尼尔·勒纳在1951年共同发表的一本著作《政策科学导论》,由此确立了政策科学作为一门独立学科的地位。其实在这之前,拉斯维尔还有一本著作也强烈地影响了他对政策科学的构想,那就是他1936年发表的《政治学》(《Politics: Who Gets What, When, How》),这本书的副标题非常明确:谁得到了什么、什么时间以及如何得到,言简意赅地指出了政治学的核心要旨,而政策作为政治学的一种具体实践,其要义自然也不例外。

任何一门学科的诞生都是适应时代发展的需要而出现的。科技政策最初的应用要追溯到美国科技政策之父万·

布什(Vannevar Bush,1890—1974)在第二次世界大战期间领导美国科学的实践,这项工作的标志就是1945年由万·布什组织撰写的报告——《科学无止境的前沿》。这份报告是在《政策科学导论》诞生前美国的具体科技政策实践,它建议美国政府加大对科学的支持力度,并创立了国家自然科学基金(NSF)。如今世界各国的自然科学基金制度几乎都是来自美国布什模式。布什认为,政府加大对基础科学的投入,可以带来实际的技术发展,最后形成产业发展的局面。这就是影响世界至今的布什"线性模型"。因此,这份报告也被称作美国20世纪后半叶的科技政策蓝图和路标。

万·布什具有传奇的人生经历,他原本是麻省理工学院(MIT)的一名电气工程专家,1932年任MIT电气工程学院院长,以及MIT的副校长,随后在1938年被任命为航空领域国家顾问委员会的主席,随后成为美国科学研究与发展局(OSRD,1941年由罗斯福总统设立)的局长,并成为第一位美国总统科学顾问。这期间他领导了著名的曼哈顿工程(Manhattan Project),即美国的原子弹计划。这项工程与以往的科学研究的不同之处,在于它是多学科、多机构以及众多科研人员协同参与的全新类型的超级科研项目,其复杂程度是空前的。为了适应这种情况,必须采取新的科技管理模式,这些都为未来的科技政策制定提供了基础素材与实践。

二战以后，当代科技的发展呈现出与以往完全不同的模式，根据美国社会学家丹尼尔·贝尔（Daniel Bell，1919—2011）的说法：1956 年美国就业员工中白领第一次超过蓝领，这个事件具有标志性意义，即美国社会从工业社会正式步入后工业化社会，一种全新的社会发展模式呈现在人类面前。把贝尔的判断引申一下，这个事件间接证明，整个社会的发展日益依赖于科技，而且科技成为社会发展的第一引擎。由此，科技不再是少数人展示智力的游戏，而是社会发展的推进器。仅就个人而言，要想谋得一个好的职位，也是需要掌握科技知识的。这种变化的结果就是对科技事业重要性的认识开始从上到下渗透到每个人的日常生活中，从事科技行业就成为社会中的一种普通的职业选择。

从广泛的社会经济背景出发，我们同样可以看出科技政策的出现是时代发展的必然趋势。美国诺贝尔经济学奖获得者罗伯特·索洛（Robert Merton Solow，1924— ）与特雷佛·斯吐（Swan）在 1956 年提出经济发展的新古典经济模型，他们的工作思路很清晰：即把构成经济增长中的诸要素分解，然后从经济增长率中减去由劳动、土地、资本带来的贡献后，剩余的部分被称作索洛余值。那么索洛余值是怎么来的呢？经过研究，他们认为这是由技术带来的，并且这部分的贡献比传统的生产要素对经济增长的贡献要大，他们的工作雄辩地证明了科技对经济增长与社会发展的重要性。由于索洛模型是一种外源性增长模型，这一点很重要，科技作为一种独立的力量开始发挥作用。20 世纪 80 年代以后，经济学家把科技的力量从外部转向内部，科技被看做是内化于个人与设备中的，由此导致经济内生增长模型的出现。不论观点怎样变化，从中我们不难推测：科技政策对于科技发展来说，也是外源性的力量。

20 世纪 50 年代开始，冷战以及美苏太空竞赛等都极大地促进了科技的发展，同时科学自身的发展形态也处于变化之中。美国科学计量学家普赖斯（Derek John de Solla Price，1922—1983）根据英国皇家学会会刊（1665—1850）载文量的变化，在 1963 年出版了《小科学、大科学》一书，由此宣告大科学时代的来临。这个时代科技发展的显著特点是：大预算、大项目、大团队、大机器、大实验室以及大风险。所有这些特点都不是小科学时代所能承担的，换句话说：科学的单枪匹马的英雄时代结束了，一个国家支持与团队合作的新科学时代来临了！

1963 年 6 月经合组织（OECD）国家的专家在意大利的小城佛拉卡迪召开会议，商议收集研究与发展的科学家的信息，会后发表了著名的《佛拉卡迪手册》（The Frascati Manual），这份报告的正式名称是：《用于调查研究与试验发展的标准建议》。这份报告提出了两个影响后世的关于科学的划分标准。其一，把科学研究分为三种类型：基础研究、应用研究与试验发展;在此基础上,相关人员也被划分为:研究人员、技术人员与辅助人员。其二,科学领域的划分。2002 年《佛拉卡迪手册》引入了科学领域的划分标准,经 2007 年修订后发表,把科学领域分为六大类:自然科学、工程和技术、医疗和健康科学、农业科学、社会科学、人文学科。这个分类标准也就是当今世界各国普遍接受的科学领域划分标准。从中不难发现,科学与技术的分化在加剧,其研究的范围在迅速扩大,从业人员也在快速增加,科技事业开始成为整个社会中最具活力的社会建制行为,这一切变化都对传统的科学管理模式提出了挑战,一种新的科技管理模式在时代的呼唤下应运而生。

同样是在 1963 年,在经合组织国家召开的一次会议上正式提出了科技政策的说法。由此算来,科技政策正式登上历史舞台距今也才刚刚 50 年,由此,科技政策开始成为影响科技发展的最大外生变量。现在世界各国都有专门机构去研究与协助政府去制定符合本国科技发展的科技政策。比如美国 1976 年就专门成立科技政策办公室(OSTP),这个办公室的主任自然就是美国总统科学顾问,他的职责是向总统提供全方位的国内、国外关于科学事件的建议,并负责国内众多科技政策的制定,这个机构的前身就是 1961 年肯尼迪总统为了应对当时美苏太空竞赛而设立的科技办公室。科技政策办公室同时也协助总统领导国家科技委员会(NSTC,1993 年成立)。时至今日,世界各国设立了多种形式的科技政策研究机构,没有一个国家可以忽视科技的发展,但是科技政策的制定是一项复杂的系统工程,它牵涉诸多机构与人员的目标与利益诉求,同时科技政策的制定还涉及多学科的协同努力。因此,制定出一项好的科技政策是一件非常不容易的事情。为此,还需要解决科技政策的内容、结构以及制定流程等问题,只有基于此,一项高质量的科技政策才有可能被制定出来。

科技政策的目的、结构与制定流程

任何政策的制定都是基于两点考虑：其一，体现国家的目标与意志；其二，解决当下具体的实际问题。科技政策的制定也不例外。政策制定者缘于紧迫的现实问题的逼迫，必须采取措施去解决当下的困境，同时通过政策的制定，把国家或政府的目标有效地贯彻下去。如果继续追问下去，我们就会发现政策目标的设立体现了政策制定者的心理偏好，这样就存在一种潜在的不协调的状况，即政策制定者的心理偏好与政策受众的心理偏好不一致的情况，这样一来就会出现政策扭曲现象，导致政策一出台就出现质量偏差。一项高质量的科技政策，必须考虑到政策制定者与政策受众之间的心理偏好的匹配情况，从起点处降低政策质量出现异常的可能性。

造成科技政策质量出现偏差的原因有很多，为了找到问题的关键所在，我们需要分析科技政策的结构，从政策结构上我们更容易发现哪些环节容易出现问题。据我们的研究,任何科技政策的结构都包含三部分:政策硬核、政策保护带与政策启发法。这个模型改造自英国哲学家拉卡托斯(Imre Lakatos,1922—1974)的研究纲领模型,我们认为经过改造的模型能够很好地满足我们对政策分析的需要。任何政策硬核都包括国家目标与具体政策问题,一旦政策硬核改变了,原有的政策也就不存在了。这个结论支持我们的一个推论,即不同政策之间不是完全可通约的。因为政策硬核中的国家目标有很大的趋同性,所不同的只是不同的政策问题,任何具体的政策所要处理的问题都是不同的,所以会造成政策之间的不可完全通约状态。由此,还可以做出两个推论:其一,不同的政策之间(即便很相似)也不能完全替代;其二,政策的生命周期与政策问题的逐渐消解直接相关,如果所要解决的问题没有了,政策也就失去了存在的基础。这时会出现另一件麻烦的事情,即政策的终结成本问题。这是因为任何政策的运行都需要投入一定的人力、物力与设置机构,而当政策问题消失时,这些机构和人还在,如何安置他们就是政策的终结成本问题,这也是制定政策要慎之又慎的原因之一。

所谓政策保护带是指那些帮助实现政策目标的政策工具、外围支撑条件等因素,这些要素能够帮助有效地传达政策目标。仅以政策工具而言,根据强制力的差异,可以分出三类:强制性政策工具、混合型政策工具以及自愿型政策工具。不同的政策工具选择会带来政策收益在不同群体间的不同分配。另外,政治体制不同,也会直接影响政策工具的选择模式。科技界用来传达国家目标与意志的政策工具,通常是利用科技资源的配置,采取优惠、扶持、引导等措施来实现的。比如通过经费以及人力资源的配置结构的调整,实现政府的目标以及解决当下科技界所遭遇的紧迫问题,这种政策工具相当于混合型政策工具。由于科技本身以及科技界从业者的特点,政策工具倾向于选择混合型政策工具,而非强制性政策工具。比如目前流行的各类人才计划都是科技政策的一部分,它们通常采用混合型政策工具,而非强制性政策工具,这种政策工具的选择更能体现对知识分子的尊重以及对政策收益的适当分配。如果采用强制性政策工具,虽然政府可能会获得未来政策收益的绝大部分,但是,这样一来,人才就不会主动过来了,结果反而造成政策总收益的严重缩水。毕竟强制性与个体自由的缩减有关,而科学是一项需要自由的事业,故此,科技界的政策工具经常采用混合型或者自愿型政策工具,一般不用强制性政策工具,其原因也在于此。

所谓政策启发法,是指政策鼓励科技人员做政策引导的事情,快速解决当下遭遇的紧迫科技问题;同时禁止做政策范围外的事情。比如自主创新政策,鼓励企业和个人积极从事与创新有关的各项活动,并给予各种优惠措施,相反则禁止各类侵犯知识产权的事情,一旦抓到就给予严厉惩罚。政策启发法一定要明确、清晰、易懂,只有如此,才能真正起到政策对社会的广泛而持久的规训作用。

有的时候,即便政策问题确认得很准确,也会导致政策质量不高。问题出在哪里呢?其实,这与政策的制定流程有关,很多政策质量偏差的出现与各个流程出现问题直接相关。下文将分析通常的政策制定流程与步骤,这对了解政策制定与评估政策质量很有帮助。

任何政策都是针对特定时空下的具体问题而设定的,在整个政策周期(policy cycle)内,按照经典的来自拉斯维尔的政策周期模型,它一般包括5个阶段:议程设定(问题确认阶段),政策制定,采纳,执行,评估。随着社会的发展,社会问题越来越复杂,这时一些学者把这个模型扩展为8步,这个工作是由澳大利亚政策专家布里德曼(Peter Bridgman)和戴维斯(Glyn Davis,1959—)在他们的著作《澳大利亚政策手册》中完整提出来的。这8步分别是:问题的确认,政策分析,政策工具的发展,协商(它伴随政策制定的整个过程),协调,决定,执行,评估。这8个步骤几乎包括了所有科技政策的制定环节,其中任何一个环节出现问题都会导致政策质量出现偏差。

下面我们再来分析一下影响政策制定以及政策质量的一些关键因素,这其中之一就是政策制定主体的不同所带来的政策制定模式的差异(见图1)。

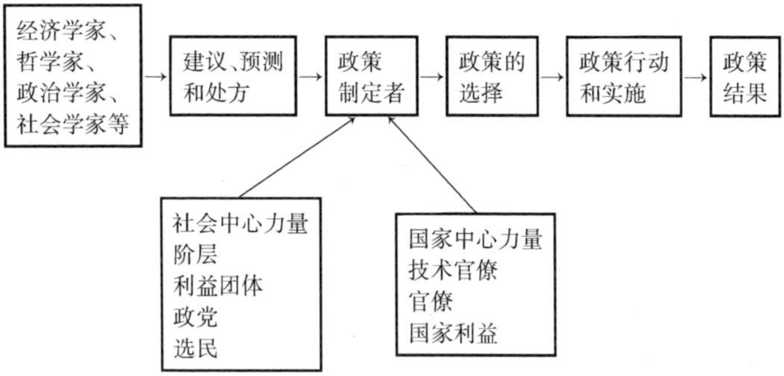

图1　影响政策选择的因素(改编自 Meier, 1995)

任何政策都是特定制度的产品,因此,政治结构对于科技政策的制定也必将产生无法避免的影响。下面简要分析一下政治—经济元素对政策制定的影响(见图2)。

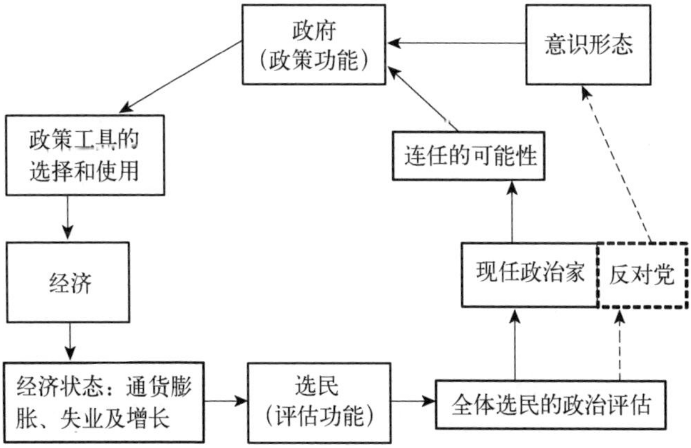

图2　政策的政治—经济模型(改编自 Frey, 1978)

综上,我们对政策的目的、结构与制定流程以及诸多影响因素都有了一个比较清晰的把握。在接下来的篇幅里,我们根据这些科技政策的基础知识(严格说来,科学政策与技术政策是不同的,这里取包括二者在内的广义科技政策概念),用通俗的语言尝试对一些具体案例以及难点理论问题进行简洁的分析,以此全方位展现我国当下科技政策制定中面临的问题以及可能的解决出路。也邀请大家和我们一起为我国科技政策制定水平的提高而贡献我们的智慧。

科技政策制定中的三个原则

一个国家提升科技发展速度的路径有多种选择，总体而言，不外乎经历从粗放的投入刺激模式到精细的管理提升模式的转换。

科技的粗放投入刺激模式是指简单地依靠增加人、才、物等科技资源，来硬性推动科技发展。在科技发展初期，这种模式很有效。但随着科技发展规模的扩大以及层次的深化，这种模式所能带来的边际收益在快速递减，总有一天，这种低效发展模式将难以为继；此时为了继续推动科技发展，就应该向精细的管理提升模式转型。

精细的管理提升模式是指在资源投入有限的情况下，通过政策引导（制度改革）主动改变科技体制的结构，从而达到合理配置资源的目的，以此实现科技系统的状态与绩效的整体改善。这种科技发展模式相对于机械式的粗放投入刺激模式而言，是一种有机的科技发展模式。

比较这两种模式，前者管理水平的技术含量比较低，而后者则是当今科技管理的主流模式。这种转变恰恰揭示了两种科技发展模式的进化之旅。

改革开放三十余年,中国科技发展模式已经面临从粗放投入刺激模式向精细管理模式转型的过渡阶段,这既是时代发展的必然,也是短期内科技资源增量硬性约束的直接结果。

基于此,科技政策的结构与质量直接决定科技发展模式的转型能否成功。而一项高质量的科技政策的制定又必须满足三个基本原则:宏观层次上的公平原则,中观层次上的协调原则,微观层次上的效率原则。任何科技政策如果缺少这三项基本原则,那么注定无法成为高质量政策,从而也就无法摆脱对于粗放刺激模式的依赖,科技发展模式的转型也就无从谈起。

以往的科技政策质量之所以不高,是因为政策从制定之初就缺乏从宏观层面上对于公平原则的捍卫。众所周知,政策是制度的产品,一项缺乏对公平与正义理念认同的政策,注定会被政策受众所拒绝或抵制,而公众的这种不认同感会被扩散到对制度本身的质疑上,从而造成制度公信力的损失。毕竟,柏拉图在《理想国》中早就指出:一个城邦的最大美德就是正义,而正义在操作层面上的体现就是公平。

如果众多科技政策的制定在目标设定阶段,就被各种利益集团与群体所严重影响、甚至操纵,就有可能牺牲了政策最不可缺失的公平原则。时至今日,很多部门在接受委托制定科技政策时仍然习惯于打部门和个人的小算盘,根本不考虑这种局部利益的获得是以损失国家的大利益(公信力与合法性)为代价的。

任何政策在中观层面都要涉及协调原则,这条原则处理了社会活动中的集中与分权问题。协调原则是所有政策结构中最富有技术性的部分。毕竟任何政策在运行中都要在政策的强制力、准确性与灵活性之间形成一种必要的张力。而这种状况类似于经济学家蒙代尔的"三元悖论",即三项要求不可能同时实现,最多只能满足两项指标,而放弃另一项指标。

在政策运行的协调阶段同样存在这个困境:如要保证政策的准确性与强制性,那么政策的灵活性就不可能实现。把问题简化一下,在政策的协调原则的实际操作中,面临的最人问题就是政策工具的选择。因为任何政策工具的选择都与潜在的政策收益的分配有关。即政策执行所带来的收益如何分配的问题,所有政策效率损失都与政策收益的不合理分配结构密切相关。

换言之,政策制定者不能把政策执行所带来的所有收益都据为己有,它必须允诺与政策受众一起分享政策收益,否则这项政策在运行时就会出现严重阻力。比如,计划生育政策之所以在实际运行中阻力比较大,是因为该政策采用了强制性政策工具,导致政策运行带来的收益几乎完全被作为政策制定者的政府所独享,而政策受众并没有在这项政策的执行中获得应有的政策收益与补偿(独生子女费几乎不具有任何激励与补偿的意义,仅具象征意义)。因此,政策收益必须与政策受众分享。所有这些中层目标的实现都需要协调原则来提供技术保证。从强制性政策工具向自愿性政策工具的转型,恰恰是协调原则所要处理的诸多问题中最为敏感的一类。

最后,在微观层面,必须坚持效率原则。它反映了科研评价体系中的机会公平原则,本着能力优先的理念,在微观层面,政策通过提供激励机制,使科技资源流向效率最高的一方,从而推动了科学场域内的有序竞争与合作机制,只有基于此,才能切实保证资源配置达到最优化。这是政策深入实践的"神经末梢",但却恰恰是形成和谐的科学共同体与健康科学文化的基础。追求效率是体现政策公平的一种表征,在此基础上,每个个体的尊严和荣誉才能得到保障,并最大程度上遏制了寻租与设租的可能空间,否则政策就进入失灵状态。

曾经曝光的国家科技重大专项中的"水专项"出现经费违规现象,是因为该政策在制定中根本没有遵守从宏观到微观的三个基本原则所导致的必然现象。反观该事件,不难发现在宏观层次上它的设立缺乏公平，在政策执行的中观层面则缺乏有效的协调机制，在微观层面就呈现了必然的低效率。正是由于科技政策在三个层面上暗含的特定原则，保证了科技系统的“状态—结构—绩效”之间的活力。同时，政策内含的三项原则又会主动修正不符合各层级原则要求的结构与行为，促使系统进入进化轨道，从而有助于推动中国科技发展模式从粗放投入刺激模式向精细管理发展模式的提升，这就是当代政治魔术的主要体现之一。

提高科技政策制定质量的几种方式

在全球化时代,一个国家或地区的竞争力主要体现在其综合科技实力上。影响科技实力的因素有很多,如人才储备、科技投入、科研环境以及公众对于科技的理解等。但目前的研究已经充分证明,影响一个国家或地区科技发展的最大外生变量就是科技政策,这也是大科学时代科学高度建制化的必然要求。任何一项科技政策都肩负两种使命:首先,体现国家目标或意志;其次,提供公平高效的资源配置机制,用以规范与激励共同体成员的行为选择。一项低质量的科技政策,不但不能实现国家目标,反而在共同体中造成不满情绪的集聚,破坏科研的生态环境。根据我们的研究,科技政策出现质量偏差的形式有四种,按照其对科研活动的影响力的强弱来排序分别是:政策冬眠、政策失灵、政策阴影及政策黑洞。客观地说,我们国家的科技政策制定水平普遍不高,政策质量也随之难以保证,导致经常出现政策冬眠与政策失灵现象。

高质量科技政策制定的基础条件与发展趋势

好的科技政策不是天上掉下来的,任何高质量的科技政策的制定都是需要一些社会基础条件作支撑的。在了解好的政策制定机制之前,我们还是先看看造成低质量科技政策出台的原因。造成科技政策出现质量偏差的原因主要有三点:首先,政策科学本身发展的不成熟性所致。这门学科的历史至今也不过60年的时间,政策理论的建构有待进一步发展。而科技政策的正式提出是1963年的事,它的发展与理论提升更需时间来完善。其次,科技政策制定主体的不同选择,导致政策受众心理偏好差距过大,从而直接影响问题的确认与接受,从而造成科技政策质量不高。第三,政策制定与运行中的反馈机制不健全,导致政策质量监控出现断裂与不敏感现象。

2005年以来,经合组织(OECD)与欧共体国家都在强调非技术创新在科技发展中的重要作用。这种非技术创新主要是指:制度与市场创新。因此,在常规科学时代,谁能更有效地配置资源,带来更高的效率,谁就能在科技竞争中处于优势,这才是我们强调科技政策在当下的重要作用的根本原因。

根据科技部颁布的中国科技统计数据2012年9月23日报告显示,2012年,全国R&D(研究与试验发展)投入达到

10 298.4 亿元，占当年 GDP 的 1.98%，R&D 人员总量是 324.68（万人年）。这个数据就是我国当下科技活动的总体基础条件状况。为了更有针对性，我们选择 2009 年国内 6 个主要经济区域的科技资源分布情况并进行对比研究，从中可以发现一些政策基础条件存在的问题，以及可能的解决策略。

从下图中可以看出两个问题：首先，上海人均 GDP 在全国排名第一，说明上海有进一步发展科技的雄厚物质基础，这可以用马斯洛的需求层次理论来解释，即人们在满足基本的生存需要后，会有强烈的追求更高一级的需求的内在动力。这可以看做是发展科技的内在动力之源。其次，从 R&D 投入指标上看，上海 2012 年 R&D 投入已占到 GDP 的 3.37%，已经达到世界主要发达国家的平均水平，目前仍有提高的空间。这是科技政策制定的直接外在动力。

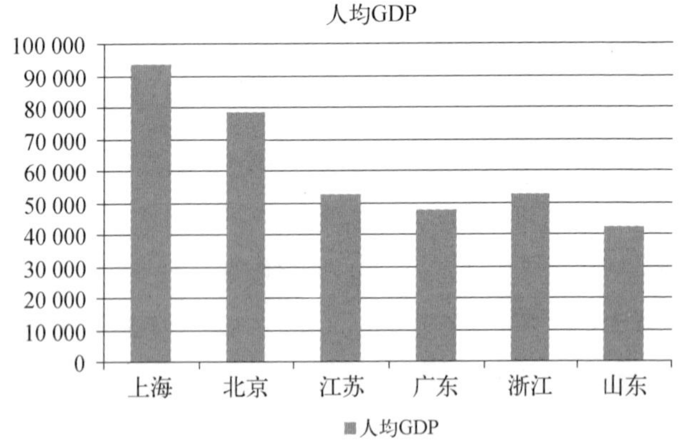

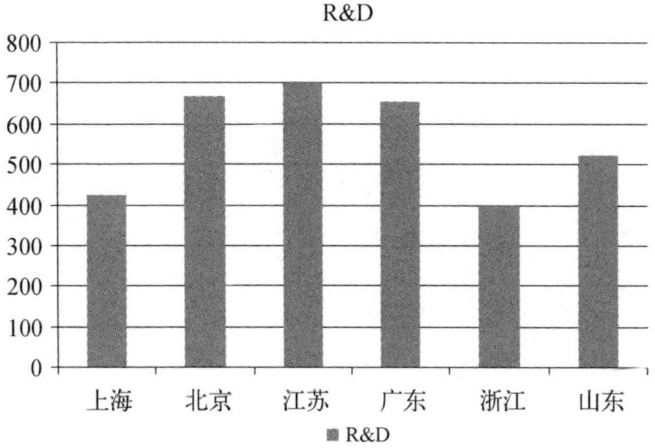

（本图主要根据科技部2010年科技统计数据信息以及相关数据整理而成）

这些柱状图反映科技政策制定与运行的现状和边界。首先，从R&D人员上看，上海在全国主要经济区域中的排名是靠后的，R&D人员总量不足，已经严重制约了上海的科技发展速度与规模，这与上海在全国的经济和科技地位是不相符的。其次，上海人均R&D投入在国内处于领先水平，达到人均31万元，试问有多少科研人员的研究经费能够达到这个平均数？从中不难推测出，科研经费的配置是不合理的。由于边际效用递减规律的硬性约束，这种不合理的资源配置模式，必将影响科技的产出效率。第三，尤其值得一提的是科技支出在地方政府财政支出中的比例，上海最高，这说明作为城市的管理者，上海市政府对于科技是非常重视的。这些现存条件为制定高质量的科技政策提供

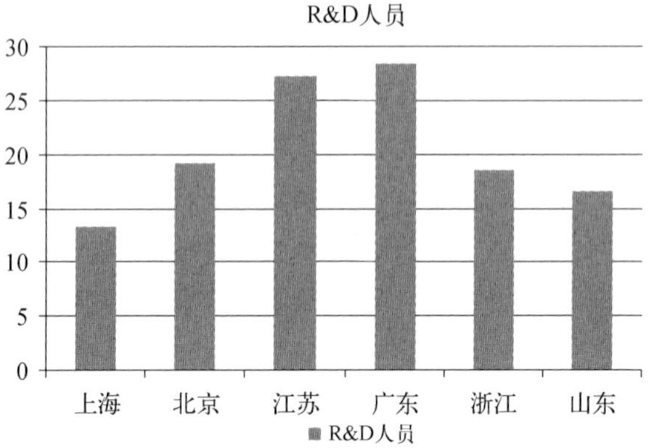

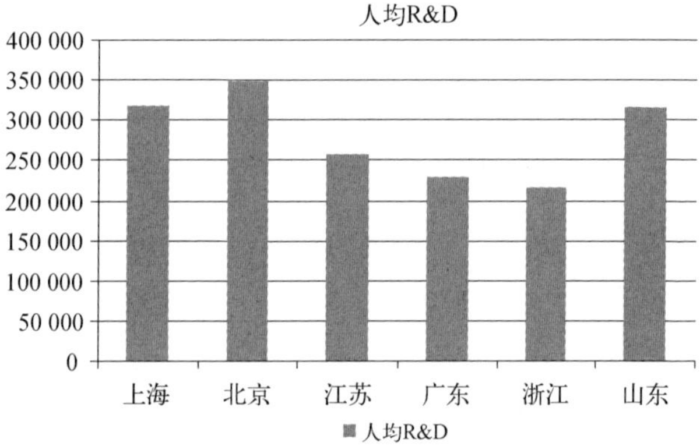

了坚实的土壤。

上海是一个自然资源并不是很丰富的地区,传统的经济学理论认为,促进经济增长的要素主要有三种:土地、资本与劳动力,上海的这三要素在全国并不具有绝对优势,因此传统模式留给上海的发展空间并不是很大;而新的经济

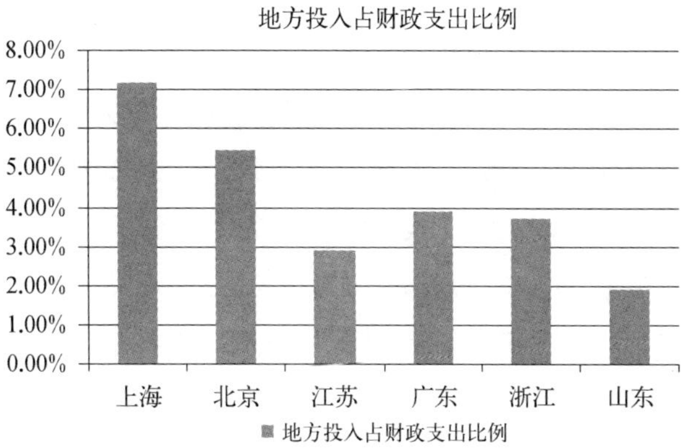

增长理论则认为,除去这三个传统要素外,在当代,更能促进增长的主要源泉是科技进步,而这恰恰是上海未来发展的主要路径和动力所在。基于上述考虑,结合上海的实际,下面有针对性地提出几点政策制定建议。

政策内容增量测评:一项高质量政策的基本要求

这些年中国的各种科技战略与政策出台了很多,但是总体效果与绩效并不令人满意。新旧政策之间的对比仍是一块研究空白领域,新政策的"新内容"并不明确,基础也并不牢固。在笔者看来,一项新政策的标志在于它能提供原有政策不具备的新内容,它不但能够解决原有政策能够解决的问题，而且还能解决原有政策不能解决、甚至不敢想象的问题，这才是一项政策所谓“新”的主旨所在。这也是制定新的战略与政策必须考虑的问题，否则没有必要出台新政策。新内容的确立，关键在于对科技实践中涌现出的真正问题的正确鉴别。问题识别一直是政策制定领域中的难点问题，大多政策质量偏差的出现都是由于问题确认失误造成的，对问题确认偏差的程度，决定了政策质量的偏差程度。

目前国际上关于政策问题确认的最新方法是基于证据的政策（Evidence-based policy）制定模式。它的应用要归功于英国布莱尔政府。布莱尔政府认为，政策制定要尽量避免完全基于意识形态的政策制定模式，它突出的是政策制定的科学性问题，这在1999年英国政府出版的白皮书中有直接的体现。如果我们承认政策制定是一门科学的话，那么，这种基于证据的政策制定模式是符合科学要求的。在此之前，英国统计学家艾德里安·斯密斯（Adrian Smith）在1996年的英国皇家统计学会的会长任职典礼上的演讲中也特别强调了基于证据的政策制定模式对于政策质量的重要性。新世纪以来，这一政策制定模式得到越来越多国家的认可。今天的研究已经充分显示：一项高质量政策出台的条件是比较苛刻的，它至少要包括如下三个要素：高质量的数据、分析的技巧与政治的支持。关于证据的鉴别与分析，笔者曾提出政策要素的敏感性问题，换言之，有一些政策要素对于政策受众是高度敏感的，那些呈现高度敏感的问题，恰恰是一项政策需要关注的问题。

回到实践层面，一项好的政策要比旧的政策具有更多的超量经验内容，而这些超量的经验内容，恰恰是事关政策核心主旨的问题，它能够为长期存在的困难问题提供一种新颖的解决措施。简而言之，一项好的战略与政策应该具有如下四个要点：

1. 战略与政策具有超量的经验内容（用公式表示就是 $\Delta PC = PC_2 - PC_1 > 0$，换言之，政策 P_2 具有比政策 P_1 更多的经验内容，而这些内容在 P_1 中是没有的，这才是进步的体现）；

2. 新战略或政策 P_2 要比旧政策 P_1 具有更强的预见能力；

3. 政策的激励机制具有明显的分层功能，使激励的范围扩大，使不同的群体都对政策产生敏感性；

4. 战略或政策在核心问题上要呈现出简单性与明确性，越是简单、明确的政策，越容易被接受，其影响力也越大。

给政策空间松绑，政策工具的选择也要体现多样性的特点。换言之，就是对政策受体给予更多的自由度。因为政策内容要经过政策受众的检验才可以进行判别，如果一项政策发布以后，政策受众根本不关心，或者只能被动承受，那么政策的质量与效果就根本无法得到保证。例如，中国科学界关于科研经费分配政策的各种争议，就是政策在问题确认方面存在严重偏差，这样一来，政策执行的效率与后果就会大打折扣。一个常见的偏见就是管理者无根据地预设大项目等同于大成果，以至于大项目的设立越来越远离科学本身，日益成为一种炫耀或者身份的标签，绩效也最差。错误的政策安排，往往导致更为荒谬的现象，这在经费使用的规定里呈现得淋漓尽致。当下的科研经费，不是用来搞研究的，而是用来买仪器设备和开会的，这种政策模式下的从业者不是科学家而是采购商，这种模式也恰恰是对人的最大不尊重。如果一定要出台新政策，那么请把新政策内容增量的口子监管好，这样才会出现高质量的科技政策。

设立科学家流动站

科技政策不是虚无缥缈的东西，它的制定都是以现实需求为基础的。为了更好地体现这点，本文在结束的时候，提供一个具体的政策建议，作为分析的样本。上海现有的R&D人员存量与全国主要经济体的比较是严重不足的，这种状况与上海在全国的地位严重不相符，而且上海也有条件在短期内改变这种状况。众所周知，现在中国各个主要经济区域都开始把科技作为经济增长的引擎与发动机。而科技是要靠人来完成的,因此,科技界对于人才的竞争已经开始进入白热化阶段。哪个地区拥有杰出的人才,哪个地区就有可能率先搞出几项真正具有世界影响的重大科技成果,其意义不仅仅是带动本地区短期内的经济发展,更能成为思想的领军者以及未来规则的制定者。为此,上海市作为中国经济最具活力的区域,应该率先采取比较特殊的人才政策,设立人才特区。这个特区的特殊之处在于最大程度上克服当下影响科学家产出的诸多掣肘因素,主要有三条:首先,提供在世界范围内具有竞争力的薪酬标准,以此化解进站科学家在生活上的后顾之忧,能够全身心投入科研工作;其次,当下中国科学家的科研时间严重不足,减少不必要的考评与检查等干扰因素,为科学家节省出宝贵的科研时间;第三,工作成果的评价机制采用体制外的国际评价,禁止当下实行的弊端层出不穷的成果申报机制。拟议中的科学家流动站的设想是这样的:根据上海市现有的优势学科以及弱势学科的分布情况,设立科学家流动站。采取类似博士后流动站的方式,对那些科研做得非常优秀的科学家采取不调动关系,只是短期借调,给他们在站期间提供优厚的待遇,以及最大程度的宽松环境,五年一个聘期,聘期结束时由行业协会考核,不合格者,到期坚决解聘。空出的名额引进新的科学家入站。为了防止以往人才政策失败的教训,科学家流动站采取法国科学院的模式,即固定名额,无缺不补,另外,不允许申报,只能通过行业协会与同行专家的匿名评审与推荐,合格者方可入选与续聘。

为此,需要做两个工作。首先,上海市人事局组织力量对全国人才进行摸底,对全国人才有一个总体把握。然后列出每个学科的前100名学者,划定大范围,最后通过同行专家评审,在这个范围内每个学科挑选10人,允许这10名人才进入科学家流动站。其二,财政局划拨出专项基金,保证支持力度,对入选科学家流动站人员的薪酬用美元结算,每人每年20万美元,这些人可以进入到全市各个国家重点实验室、研究所或大学等机构开展工作。总预算如下(按照十二大学科门类计算)$12 \times 10 \times 20 = 2\ 400$万美元,资助5年也就是1.2亿美元,即便把资助的范围了扩大到5倍,也就是每个大的学科门类资助50人,5年一个聘期下来,财政支出也不过花费6亿美元,但是其对科技实力的整体提升的作用不可限量。当然这份资助计划里,同样也可以拿出一部分名额招聘国外的具有潜质的人才。目前,国外有比较现成的各专业排名前100名专家的名单,按图索骥,联系起来还是比较方便的。也许更为重要的是,通过人才特区计划,上海会成为全中国乃至全世界顶尖人才的科研驿站,对现有的人才也能形成强大的激励机制,进而在短期内快速提升上海市的科技整体实力。

综上所述,科技政策本身也是一种稀缺的制度资源,作为工具,它具有双刃剑的特性。高质量的科技政策,能够把现有的科技资源有机整合起来,实现资源配置最优,推动科技与社会的快速发展;反之,则会浪费资源并阻碍科技与社会的发展。高质量的科技政策是一个国家或地区通向未来的路标,它与希望和智慧有关!

效率的道德与迷失的尊严

笔者曾在一个小型的会议上说过一句话：中国科技界是中国所有行业中最有效率的亚系统。记得当时有人不解，甚至质疑这个说法，其实，这很好理解：2012 年中国科技界仅用占 GDP 1.98% 的 R&D 投入（2012 年《全国科技经费投入统计公报》，同年美国的数据是 2.1%，即 4 360 亿美元），扶持了世界最多的科研人员，在产出上就取得了科研论文世界排名第二的成就（2012 年数据，这里仅是简略说法，用论文产量来约略等同于科技发展状况），试问在中国还有哪个领域能用这么少的投入取得如此显著的成效？我想在中国找不出第二个领域有如此效率。其实，这个光鲜的数据背后却隐含了科技政策制定中的一种伦理缺失问题。换言之，中国的科技政策是以效率考量为第一目标的，这相对于计划经济时代的吃大锅饭模式是一个巨大的进步。但是，如果不加限制将会滑向另一个极端，效率优先的政策主旨将成为一个时代的才华与思想的绞肉机，所有人在这种政策模式下都将成为牺牲品。为此,我们将探讨两个问题:首先,效率优先模式与科研人员的存在状态;效率的道德问题。

今天几乎所有的科研人员都感到压力很大,精神高度紧张,群体身体处于亚健康状态成为一种职业标识。这与公众常识中理解的印象正好是背离的。正如很多人对笔者说,真羡慕你们做老师的还有两个假期。其实,他们哪里知道,节假日对于科研人员来说几乎是不存在的,所有的时间对于科研人员来讲都是工作时间。问题是什么促使科研人员都成为工作狂人呢?政策的效率优先取向。现在的政策运行的高明之处在于逐渐取消强制性政策工具的选择,逐渐过渡到自愿性政策工具的采用之上,没有人强迫你这么做,而你又必须这么做,这才是效率优先政策模式的高明之处:欲擒故纵,愿者上钩!为了保证效率优先目标的实现,再配合与此密切相关的考评机制,自此,就没有人可以逃脱这个效率的陷阱。17世纪的法国哲学家拉美特利曾说:人是机器。那时这还只是一个理想目标,而如今已经被完美实现,人就是在这种别无选择的自由中主动入瓮的。

众所周知,在大科学时代,基金与项目是科研活动得以正常运行的血液。缺少经济的支持,所有的科研活动几乎都将中止。因此,争取项目与基金就是科技界求得生存的第一自然法则,它是刚性的,没有弹性,谁可以绕过去呢?

由于我国长期以来对科技投入严重偏低,2012 年,也仅占 GDP 的 1.98%,这个投入比例与世界主要发达国家的平均投入强度相比还是有很大的差距(世界主要发达国家的 R&D 投入比例大多在 2.5% 左右)。而中国又拥有世界最多的科研人员,再加上落后的评审体制,以及诸多不公平条款的限制与歧视,这就决定了中国争取基金和项目的赛场上早已处于过度竞争状态,暂且不论参与者水平高低,这是群体密度决定的客观现实。如果再考虑到科技投入中的水分,这种竞争会更加激烈。科技投入的结构性矛盾,即总量不足与配置的日趋高度集中化,更是让项目申请的赛场人仰马翻。现在最遭人诟病的是:赢者通吃现象已经成为掠夺资源的主要杀手和创新的严重障碍。而这恰恰是科技管理中的最大浪费:一则人才的精力有限,才华会被无数次重复申报所耗尽;二则,资源的边际效用递减规律的必然结果。现实生活中,我们目睹了一些人依据马太效应快速实现优势累积,另一些人则被评价体系阻隔在外围处于劣势累积路径上,科技界的正常对流渠道在这种效率优先的政策模式下几乎被彻底堵死。在这种模式下,无论是成功者还是失败者,参与者的内心几乎都是伤痕累累,再也没有精力向学术理想和前沿真正推进。

效率优先带来的直接伦理困境就是产品质量的下滑以及人的尊严的丧失。前者就是俗语中的老母鸡与金蛋问题。金蛋的生产是需要充足时间的,换言之,任何科研成果的取得都需要漫长的生产时间,缺少时间的保证,产品的质量必然会受到影响,这是毋庸置疑的常识。一味追求效率,必然会带来质量的滑坡。基于这种考虑,必须对基于功利主义的效率优先政策制定模式进行修正,降低目前这种无序的过度竞争的态势,让科技界回归正常的生长模式:有序竞争。这也是对人才的一种真正尊重。为达此目标,政策必须设立正常的保障性科技投入,使一部分合格的科研人员从这种喧嚣的赛场上退出,给予保障性的常规支持,以5年为一个期限进行动态考核;同时,对于那些喜欢选择竞争模式的科研人员仍然采用当下的申报形式,但不能两者都占,只能选择一种模式,这样就会减少很多不必要的低质量评审,让科研人员真正根据自己的喜好安心地从事一些高质量的工作,这也是当下科技界针对学术浮躁应该采取的主要举措。没有这种常规的制度性支持,一味声讨学术浮躁是站着说话不腰痛。

关于效率优先模式导致的尊严丧失早已是科技界普遍存在的一种令人沮丧的现象,所谓成王败寇:有钱就有水平,没钱你什么都不是。笔者曾听过这样的笑话:国家每年的GDP都按8%增长,你的进步速度是否拖了国家的后腿?我承认我的进步速度赶不上国家的进步速度。任何一项政策都要尊重而不是蔑视或侮辱它的受众,这恰恰是一个体面社会所应捍卫的最低道德。最后回到人力资源开发这个老话题。这个理念本身就是一个功利主义味道很足的思考模式,实际运用中往往沦落为只注重开发,很少有人关注保护的问题。一旦开发过度又怎么办呢?这种肆意透支人力资源才华的游戏是短视的政策选择模式:一则,它蚕食人的存在尊严,把人从目的彻底沦落为一种手段;二则,这种模式容易造成社会资源的巨大浪费。英国古典经济学家亚当·斯密曾说过一句很牛的话:一个社会应该能够使它的公民们"无羞耻地步入公共领域"。诚哉斯言!

政策工具的选择、收益与群体行为

科技政策正在日益成为影响科技发展的最大外生变量。任何科技政策的制定都关涉两个系统层面的基本问题：表层系统，指涉了国家目标与资源配置模式；深层系统，指涉了价值分配与群体认同。国家目标的实现，需要政策能够提供有效的激励机制：正向激励（鼓励）与反向激励（惩罚）。在这个基础上，实现科技资源的最佳配置。政策的价值内涵提供了社会的黏合剂，通过特定价值系统规训群体行为。一项好的科技政策就是要最大限度地实现这些政策目标。中国科技的诸项指标如投入、产出、对经济发展的贡献率等指标，已经位于世界前列，早已是名副其实的世界科技大国，但还不是科技强国。造成这种局面的原因很多，与主要发达国家的差距的一个重要方面就是科技政策质量不高。影响科技政策质量的因素很多，抛开其他因素不谈，仅从政策工具的选择与群体心理的角度，就可以发现一些影响科技政策质量而又长期被忽视的深层次问题。

政策工具的界定与梳理

一提到工具,我们通常会想到那些有形的器具,利用它们可以帮助我们有效地实现某些个人目的。但是,还有另一类无形的工具,它是以制度、规则等概念化形式存在的工具,这类工具通常是实现群体目标的有效手段,比如我们熟悉的科研系统中的奖励制度就是这类工具。所谓政策工具,按照美国政策专家迈克尔·豪利特的观点就是:政府赖以推行政策的手段。通俗地说,任何政策的运行都需要一些工具来传达,这种工具就被称作政策工具。据已有资料介绍,最早尝试将政策工具进行分类的工作是由20世纪60年代的德国经济学家基尔申和他的同事们开展研究的。"基尔申调查研究了是否存在一整套贯彻经济政策的手段,这些手段可以引导适宜的政策结果。为此,基尔申得出了64种类型的政策手段,但没有系统地阐明这些手段,也没有建立关于政策手段的起源或其影响的理论体系。"[1]基尔申的工作是开创性的,但是,他关于政策工具的分类标准比较混乱,根本用不着这些种类。政策工具,就其本质而言,旨

① 迈克尔·豪利特,M. 米拉什. 公共政策研究:政策循环与政策子系统[M]. 庞诗等译. 北京:生活、读书、新知三联书店,2006:142。

在研究通过某种方式和手段，解决某一特定社会领域中的问题，以便有效地对科技发展和社会进步施加积极影响。政策工具不仅仅是传达政策内容的一种手段，而且起到把目标与结果连接起来的桥梁作用。政策工具的分类方式多种多样，考虑到与政策受众的群体心理反应的关系，我们根据政策工具所暗含的强制性程度作为分类的标准，这种分类模式是由加拿大公共政策学者 Howlett 和 Ramesh 1995 年提出来的，他们将政策工具分为自愿性工具、强制性工具和混合型工具三类。这种分类形式对于我们了解政策受众的群体心理行为很有帮助。由于中国是一个长期奉行计划经济的国家，久而久之，形成了一种治理惰性，过分迷恋权力的强制性，导致我们的政策工具选择模式从骨子里喜欢采用强制性的力量，因而为了实现国家目标，很少考虑受众的心理感受。相反，一个成熟的市场经济社会，其政策工具选择大多倾向于选择自愿性与混合型的工具模式，希望通过市场机制，实现人、财、物的最优配置，以及价值观的潜移默化的输入，给予政策受众充分的选择自由，从而实现国家的目标。两种体制下的政策工具选择模式与相应的群体心理反应，决定了两种选择模式带来的政策效率损失问题。因此，揭示政策工具选择模式、成本与收益的社会分配，以及由此而来的政策受众心理行为之间的内在机制，恰恰是提高政策质量的关键举措。

政策工具的选择与成本收益的计算

任何一项政策的运行都需要选择相应的政策工具，而不同政策工具的选择运用对于政策质量会产生两个方面的影响：首先，政策的成本—收益的社会分配问题；其次，政策受众的群体心理与行为模式的塑造。关于政策被受众接受的成本收益问题进行分析，我们可以借鉴诺贝尔经济学奖获得者美国加里·贝克尔（Gary Stanley Becker，1930— ）的一个思路，即行为准则影响偏好的分析模型，即

$$U = U(X, N, Y)$$

其中，U 为下层阶级成员的效用函数；X 为参加礼拜可获得的私人商品，N 为参加礼拜时所创建的规则，Y 为别的商品。[①]

把贝克尔的说法简化就是：只有在能够获得额外收益时，我们才准备接受一项准则，毕竟接受一项政策对于个体而言意味着效用的变化。政策制定本身就是多种利益集团博弈的结果，制定者希望付出越少越好，而政策受众则希望通过接受一项政策，收益越多越好。用公式表示就是

---

① 加里·贝克尔. 口味的经济学分析[M]. 李杰，王晓刚译. 北京：首都经济贸易大学出版社，2000：297。

$$S(N) - C(N) \geqslant 0$$

其中,S(N)为每个政策受众接受一项政策的收益,而C(N)则代表接受一项政策带来的损失。

由此可知,在一个民主机制比较健全的国家,一项政策被接受的均衡点是收益与成本相等。由此可假定政府推行一项政策的总体收益

$$G(N) \geqslant [S(N) + K(N)]L$$

其中,S(N)为接受一项政策个体的收益,K(N)表示向每个政策受众传达政策N的成本,L代表政策受众的人数。

由此可知,任何政府在骨子里都希望以最低的成本贯彻自己的政策,这种心态在不同的社会里借用不同的政策工具会有完全不同的表达方式。但政府的底线是政策的运行带来的收益至少与成本持平,否则一项政策也不会出台,在政治市场同样追求利益最大化。

基于上述分析,我们把三种政策工具在成熟的市场经济社会中各自指涉的成本与收益的社会分布进行一些简单的拓展。对于自愿性政策工具而言,政策受众接受一项政策的收益最高,用公式表示就是S(N)≥C(N),政府让渡了自己的一部分利益;混合型政策工具,由于采取了自愿与强制的折中,政策受众的收益与政府推广成本接近持平;而强制性政策工具,则是政策受众收益最小,成本最高,政府则

正好相反，其收益最高。按照经济学家加里·贝克尔的解释：“当上层阶级使用强制手段时，其他阶级成员的处境可能会恶化，因为上层阶级没有‘购买’这些会产生负面效应的行为准则。强制手段的使用节约了上层阶级必须用于购买下层阶级同意的资源。但是，由于获得并使用这种权力去强迫其他阶级参加学校的课程以及其他活动同样是高成本的。所以对于上层阶级而言，为了让其他阶级遵守这些特定的准则，采取购买的方式也许要比采取强迫的方式更加便宜。”①

政策作为制度的产品，它的运行与政治架构有直接关系。由于我国长期奉行高度集权的政治体制，这种体制的最大特点就是迷信理性建构主义。按照经济学家哈耶克的说法就是：理性的自负。这种制度架构的先天缺陷，导致政府习惯于采用强制性政策工具，从而剥夺了政策受众接受规则的收益与效用。时至今日，我们的市场经济体制也没有完全建立起来，其深层原因也正在于此。

政策工具的选择与群体行为的塑造

不同的政策工具选择对于政策目标的实现具有不同的

① 加里·贝克尔. 口味的经济学分析[M]. 李杰，王晓刚译. 北京：首都经济贸易大学出版社，2000：299。

收益率。经济学家布莱恩·史盖姆斯认为："如果一个策略的收益可以用达尔文适合度(即后代的平均数)来衡量,那么博弈是在决策者自己的动态中进行的。假设U(A)为策略A的平均适合度,U为群体的平均适合度,那么它们之间的比率是进行判断的决定性数量,即U(A)/U。假设策略A的平均适合度大于群体的平均适合度,那么选择策略A的群体比例上升。如果A的平均适合度小于群体的平均适合度,那么选择策略A的群体比例下降。"①在这样的思路下,史盖姆斯分析了博弈规则的动态演化模式,其实很好理解,即我们每次的选择要尽量保证超过平均收益率,否则这种选择会被淘汰的。对于政策工具的选择,同样遵循这种潜在的博弈规则。如果一种政策工具总是使政策受众的收益低于制定者的收益,那么这种政策工具迟早会被淘汰,即便短期内无法取消这种工具,也会由于受众的强烈抵制,导致此项工具的运行成本快速上升,或者波及对政策内容的抵制与认同度的降低,这部分成本或者损失从而会冲减掉该项工具所带来的收益。如果推广成本大于该工具的收益,那么这种工具就会被放弃,对于博弈双方来说这种选择都是不划算的。这是政策工具选择的硬性约束条件。从社会

① 布莱恩·史盖姆斯.社会契约演化论[M].申海波,杨培雷译.上海:上海财经大学出版社,2012:63。

心理角度来看，工具选择不当，其后果影响也是很复杂的。按照美国组织行为学家弗雷德·卢森斯（Fred Luthans，1939— ）的沮丧模型（The Frustration Model）观点："在一个人接近欲求目标时，动机驱动被阻止，这时就会出现沮丧情绪。对于个人而言，沮丧激发了各种防御机制。在一个光滑连续的需要—驱动—目标循环中，就会出现如下群体心理反应：需求（不足）——驱动（方向不明确）——障碍（明显的与隐藏的）——出现沮丧（沮丧有四种防卫机制：侵略性、撤出、固着、妥协）——目标（刺激：驱动力的下降和不足的满足程度）。有些沮丧实际上会转变成真实的组织成本。"①从卢森斯的观点出发，我们需要分析沮丧出现时的四种表现形式与工具选择模式之间的关系：当政策工具与受众的认同处于完全对立状态时，此时就会出现侵略性行为，即个体依据自身条件从多个角度攻击工具，并抵制内容。生活中常见的"拆迁现象"就充满侵略性，受众经常会采取各种极端的抵制措施；当个体感觉自己无力抵抗时会采取相对温和的撤出行为来避免激烈冲突，以示抵制，比如中国计划生育政策下底层民众的"超生游击队"现象以及精英到海外生孩子，都属于温和的撤出型；而固着（fixation）状

① Fred Luthans. Organizational Behavior. 7th ed. McGraw-Hill, Inc New York，1995：270—272。

态可以理解为固执，这是一种以不变应万变的方式，是一种内在的反抗，比如对于不喜欢的政策工具采取我行我素的做法。毕竟这三种防御机制对于个体来讲成本太大，因而日常生活中我们常见的情况是妥协。所谓妥协，就是一种被动的部分接受，其余的部分仍然按照固着方式行事。由于沮丧导致的多种形式的反抗，在造成政策效率损失的背景下，也敲响了改革的钟声，它对于政策工具选择模式的改变具有重要的推动作用。正如美国社会学家彼得·布劳所认为的："反抗是一种再生性的社会力量。它起着一种反对制度性僵化的抵消力量的作用，并且对社会变化和再组织起着一种催化剂的作用。"①

基于上述考虑以及目前的研究结果，可以明确知道：强制性政策工具的运行成本是最高的，它遭遇的阻力也最大，政策内容受到的影响最大。因为为了实现既定政策目标，需要附加诸多的强制性辅助条件，如执法机构与人员设置，这些都是需要花费成本的。工具的强制力越强，则花费的成本也越高，这势必造成政策的收益随着工具成本的增大而递减；反之，政策工具的强制力越弱，比如自愿性工具，那么工具成本就比较低，如果政策目标运行顺畅，那么政策

① 彼得·布劳. 社会生活中的交换与权力[M]. 孙菲，张黎勤译. 北京：华夏出版社，1988：356。

总体收益也就比较大。现在的问题是,政策受众的心理反应直接决定了政策工具的选择与收益的分配模式。换言之,如果政策目标与政策受众的心理偏好一致,那么工具的选择倾向于非强制性的,这种选择让政策收益与社会福祉都得以提高。如果政策目标与政策受众的心理偏好严重不一致,那么,政策运行就会遇到很大的阻力,此时,政府就会倾向于选择强制性政策工具,从而导致政策总收益和社会福祉快速降低。这里的边界条件是:当政策收益与政策运行成本相等的时候,政策运行就处于停滞或者完全失灵状态,我们把这条边界线称作政策收益止损线。为了防止出现政策失灵现象,政府将仔细选择适当的政策工具,以此避免产生群体的沮丧情绪以及高抵触状态下的政策运行成本,尽量保持政策收益的最大化。促成政策工具选择的最大外部驱动因素是:政策制定者的利益与政策受众的利益的比较。制定者当然希望通过政策工具的选择,压低政策内容的赎买成本,实现利益的最大化。然而这种最大化会遇到强大的阻力,从而在政策制定者与政策受众之间很难达成平衡。它的潜在危害是这种以牺牲政府公信力与信誉为代价的短期收益长此以往会危及政府的政治合法性根基。究其原因,这是由于特定群体心理偏好不一致造成的。

关于一个特定社会背景下的群体心理偏好的状况,可以分为三种情况:群体心理偏好高度同质化;群体心理偏好高度异质化;群体心理偏好处于离散状态。众所周知,群体心理偏好的形成是在一定的社会历史条件下,各种因素通过文化的黏合剂,发生互动作用缓慢形成的结果,一旦形成就具有比较强的稳定性。当一个社会处于高度同质化的背景下,标度社会质量的公平与正义原则得到很好体现的时候,群体心理偏好趋于高度一致,政策工具的选择倾向于自愿模式为主。如果社会公平与正义程度较低,贫富差距较大(可以用基尼系数来衡量),那么这时社会的心理偏好就是高度异质化的,此时,政策工具的选择倾向于以强制性为主,以此保证政策制定者的收益最大化。当社会群体心理偏好处于高度离散的状态下,社会共识比较少,混合型政策工具可以保证政策收益最大化。中国社会是一个以儒家文化为主的社会,在核心价值与规范层次上,具有高度趋同的特性,但是在制度层面由于缺少必要的公平与正义原则,导致社会贫富差距加大,社会群体在物质层面又处于分裂状态,从而又有高度异质性的特点。结合这两种从物质到精神层面的心理矛盾来看,中国社会的政策工具选择应该偏向于混合型工具。根据已有的研究可知,现行的三种政策工具模式下,强制性政策工具的运行成本最高,自愿性工具运行成本最低,混合型居中。因此,未来政策工具的选择目标还是应该向自愿性政策工具为主的方向靠拢,这也是当下降低日趋紧张的社会矛盾的一种方式。

现在的问题是，不同的政策工具选择模式，会给群体的心理带来怎样的变化？换言之，当某一种政策工具开始运行时，会产生怎样的群体心理反应？这是一个长期被忽视的问题。在分析政策工具与群体心理反应之前，需要明确，政策质量对于整个社会发展的意义重大。按照经济学家帕伦特的说法："最大化产出不仅仅取决于给定的技术约束，而且取决于有关技术应用的政策约束。虽然各国拥有相同的技术水平，但各国的总生产函数会因政策差异而不同。因此，在我们的理论框架中，政策会影响全要素生产率水平，主要通过对技术是否可用以及如何应用的问题强加或者引致约束而实现。"①然而，政策质量本身是一个很模糊的概念，简言之，可以分为两部分内容，即政策内容与政策传递模式。高质量政策在宏观上的表现就是通过全要素生产率的提高，促成社会收益与福祉最大化，这种政策价值目标要通过适当的政策工具传递，从而达到在群体心理层面上的认同与降低抵制情绪，这样政策的目标才能实现。政策作为一种利益分配原则，它必须在两个维度上体现作为正义的公平原则，即物质层面的公平与精神层面的公正（个人尊严的实现）。按照政治学家詹姆斯·马奇的观点："决

① 斯蒂芬·L.帕伦特，爱德华·C.普雷斯科特.通向富有的屏障[M].苏军译.北京：中国人民大学出版社，2010：67。

策过程中的象征性手段还承担着更深远的社会愿景。理性选择是现代意识形态中的核心理念,政治制度是为这种生活愿景所需而存在的。……决策仪式带给参与者很容易接受的对社会安排的美好感觉。他们赋予常规事件以关于事物本质的信念。"[①]政策作为制度的产品,它必须体现政策受众对公平与尊严的诉求。如果一项政策,在内容与传递手段上都与受众的心理偏好严重背离,甚至根本不考虑受众的感受,那么,政策自出台之日起便已经处于被抵制与效率损失阶段。英国经济学家理查德·威尔金森认为:"物质不平等是实现广泛的人类和谐和全人类友谊的障碍。不平等具有分裂作用,极小的差异甚至可能造成重大的不同。……不平等程度和信任水平的变化都在同步发展。不信任与不平等之间相互促进。正如托克维尔所说,人们与非同一阶层的人共鸣减少,物质的差异使人们在社会中发生分裂。"[②]其实这里涉及一个隐藏的公正链条:即公平导致信任,信任催生认同,而认同则是心理偏好的整体反应。对于功利主义盛行的中国而言,除了要通过恰当的制度安排保证利益分配的公平之外,也许更为困难的问题是,政策

① 詹姆斯·马奇,约翰·奥尔森.重新发现制度:政治的组织基础[M].张伟译.北京:生活·读书·新知三联书店,2011:49。

② 理查德·威尔金森,凯特·皮科特.不平等的痛苦:收入差距如何导致社会问题[M].安鹏译.北京:新华出版社,2010:51—55。

的价值与意义框架如何与政策受众的价值观与意义系统相契合，这是一个政策工具需要解决的深层次问题，也是我国在政策工具选择中很少考虑到的维度。只有拥有相同的价值与意义系统，政策传递的心理阻力才会降为最小。

最后还要谈谈政策工具在运行过程中所遭遇到的政策受众的盲从现象。由于政策受众大多是普通人，很多人并不具备专门的政策制定知识以及对政策内容的准确解读能力，这就导致他们经常会受到权威或谣言的误导，而呈现出大范围的盲从现象。按照美国心理学家菲利普·津巴多的研究，个体行为的选择受三个要素影响："不单只是特质和情境，系统也必须纳入到复杂行为模式的考虑之中……有权设定这些界限的权力精英，通常就在玻璃帷幕之后规划许多'我们'日常生活的情境，人们就在他们打造的社会结构下日复一日地生活。这些权势精英所处的社会地位，让他们得以轻易胜过我们任何人，他们可以决定许多重要议题并且产生重大结果。只是，他们关键性的地位，远比他们属下的决策更有巨大的影响力，错误的行动，远远比错误决策更严重。"① 由此，就出现了津巴多所谓"路西法效应"（the Lucifer Effect），即好人变成了恶魔的演变路径。在个

① 菲利普·津巴多. 路西法效应：好人是如何变成恶魔的[M]. 孙佩妏、陈雅馨译. 北京：生活·读书·新知三联书店，2011：8—9。

体行为转变的三要素中，情境与系统的力量要比个体特质更为重要。受众对于政策工具选择过程中出现的抵制与顺从反应，体现了多种心理机制共同作用的结果。我们可以把这种情形分为两类：其一，源于自身的无知与担心利益受损造成的对政策工具的抵制；其二，迫于情景与系统的压力所产生的顺从与从众行为。关于第一种情况比较好理解，不再赘述。困难的是第二种情况，即顺从与从众行为。

所谓顺从一定与权威有关系，按照美国心理学家戴尔·米勒的观点："顺从就是这样一种将个人行为与政治目的相联系的心理机制。它具有将人与权威系统连在一起的基本倾向。"①顺从作为个体根深蒂固的心理习惯，本身无好坏之分，区别在于所顺从的对象。对于邪恶的顺从酿成了人类历史上的诸多惨剧。由于顺从心理与权威机制的密切联系，在当代这种顺从心理会带来很多问题。如果我们承认英国社会学家吉登斯的说法是正确的，那么维系当代社会运行的两套权威机制就是：专家系统与象征标志。因此，对于专家的盲从与对机构的盲信或敌意，都会影响政策工具的运行质量。我们常见的各类专家解读政策，无非是通过利用其权威身份来传递政策内容，并降低公众对于政

---

① 戴尔·米勒. 社会心理学的邀请[M]. 汪丽华译. 北京：北京大学出版社，2010：48。

策工具的抵触与误解。由于专家观点本身的客观性无法得到有效保证,现在权威机制的声誉在公众面前几近崩溃。作为象征标志的制度机构的公信力也在快速下降,导致促成顺从的渠道变窄,当下仅剩下惩罚与威胁。这种变化对于政策工具的选择来说是不利的。

如果说顺从在心理上多少还是有些被动的话,那么从众则是个体的比较主动的选择。从众心理可以简单地理解为当个人信念与群体信念相违背或冲突时,因少数服从多数原则或受到群体压力时,而迫使自己的行为和认知与群体保持趋同的一种社会心理现象。之所以会出现从众现象,据心理学家的研究显示:“多数人对那些表达偏常看法的人的反映,通常会有两个阶段。一开始,多数人都会试着说服偏常者改变其做事的方式或抱持的信念。如果这一尝试不起作用,多数人都会认为其想法是不现实的而将其排斥在外,或是惩罚他们。”①人是社会性动物,害怕被群体孤立或者隔离,所以从众心理是很难克服的。再加上我国政策制定过程的高度不透明性,导致政策利益的分割是不透明的。如果政策的制定是根据多项议案选择而来的话,那么根据策略性投票与简单多数性原则,中位者最偏爱的政

---

① 戴尔·米勒.社会心理学的邀请[M].汪丽华译.北京:北京大学出版社,2010:53。

策总能成为均衡的结果。如果两个政策议案 P^a 与 P^b 都不是端点政策(即 P_{min} 与 P_{max}),而是内点政策,那么“每个投票者从 P^a 与 P^b 中选择其偏爱政策的行为就是理性的策略反应。获得多数投票者支持的政策成为最终的胜者。”①长久以来,我们的政策太多偏向于利益集团,已经成为实际的端点政策,而端点政策大多喜欢依靠强制性工具来保证预期收益,这样一来,公众的利益很少得到补偿,不满情绪早已显现。为了争取利益分配的均衡化,群体抗争的意向就渐趋强烈。在群体心目中就无法容忍某些未来利益的搭便车者,即不参与群体的抗争,也无权享受群体努力的收益。由此,就加剧了整个社会的从众心理。另外,从众心理也是集体无意识的一种表现,它可以克服个体的渺小感与无力感。在法国社会心理学家勒庞看来,群体不善推理,却急于采取行动。道理很简单,“在集体心理中,个人的才智被削弱了,从而他们的个性也被削弱了。异质性被同质性所吞没,无意识的品质占了上风。”②另外,以乌合之众形式呈现的从众心理,增加了个体的力量感与方向感。这也是长期处于被遮蔽状态的大众一直渴望的,从这个意义上说,工具

① 吉恩·M. 格罗斯曼,埃尔赫南·赫尔普曼. 特殊利益政治学[M]. 朱保华译. 上海:上海财经大学出版社,2009:34。

② 古斯塔夫·勒庞. 乌合之众:大众心理研究[M]. 冯克利译. 北京:中央编译出版社,2004:16。

的不当选择,恰恰是从乌合之众到狂热分子的导火索。在从众背景下,政策质量与后果很难得到真正的证实或者证伪。

研究表明,从众率与群体的规模成正比,影响源群体增大迫使从众压力增大,导致更多的从众现象。如果政策制定过程中存在高度的信息不对称,导致信息拥有量处于劣势地位的个人为了避免被群体孤立带来的恐惧感,将趋从于处于优势地位的个人或群体。也许更为基本的原因是,如果政策工具的选择从起点处就缺少基于公平的利益与价值的分享意愿,那么在强大的群体行为扭曲的压力下,政策运行会出现严重的困难,甚至出现政策失灵现象。

障碍、协调与国家科学顾问委员会

科技体制改革是一个很大的话题，如何切入也是见仁见智。但是，在众多争议背后，我们需要清醒地意识到问题的实质是什么？从现象上看，不论从中国科技体制的建制规模、投入总量以及人员数量等方面来看，都可以称得上是世界科技大国。然而，就实际贡献而言，我们又不得不承认我们不是科技强国。表现与预期的差距如此之大，问题到底出在哪里？这才是科技体制改革的初始动力之源。为此目的，当下改革亟须梳理与澄清如下三个问题：首先，厘清中国科技体制运行中存在的主要障碍因素；其次，找出具有现实可操作性的具体解决策略；第三，改革成效的鉴别标准问题。从宏观角度来说，科技体制改革要在整个科技场域内确立公平的原则，以此达到降低交易成本，并通过协调机制实现功能节约的目的；在微观层面，科技体制改革要在资源约束的条件下，充分考虑到科学共同体的行为偏好，以此构建有效的激励机制。美国经济学家阿兰·斯密德在其提出的“状态—结构—绩效”(SSP)三元模型中认为:“过程是严重路径依赖的,因变量随时间的推移成为自变量。……制度经济学包括经济性、权力与知识三个层次的分析。”①如果按照这个模式来比照中国的科技体制改革,则可以清晰地发现:结构的改革,决定了体制的状态与绩效,那么其涉及的三个分析层面:经济性与体制效率有关,权力与体制的公平原则有关,而知识性则涉及体制改革的理论根据。基于这种考虑,本文主要探讨在实践层面设立国家科学顾问委员会的根据与必要性。

利用协调机制克服科技体制存在的障碍

科技体制改革的关键任务,一是在科学场域内破除各种阻碍知识生产与应用的障碍,二是培育公平的竞争机制,在此基础上使科技资源的配置达到最优化。这两个问题就是当下困扰中国科技体制的主要问题,所有的科技体制改革也都应该围绕这两个问题展开研究,至于科技发展的质量与速度只是科技体制深层改革的表征与结果而已。

---

① 阿兰·斯密德.制度与行为经济学[M].刘璨,吴水荣译.北京:中国人民大学出版社,2004:27。

体制是制度的一种组织形式，而制度的最大美德就是公平。从这个意义上说，科技体制也应该体现公平的美德。如果一种体制无法提供公平机制，那么这种体制就是存在缺陷的。公平机制的培育涉及权力的分配问题。中国科技体制存在的最大问题就是权力的分配严重不对称：科技体制之内，权力分配过于分散；科技体制之外，权力分配过于集中，一切科技的事情都由权力部门决定，这种权力配置结构是极为不合理的。对于体制内而言，与中国科技有关的部门有很多家，如中国科学院、中国科技部、国防科工委、教育部、科协等，导致体制内存在多个权力主体并存。这种现象带来的一个最为诡异的局面就是没有人知道谁该为中国科技的总体发展状况负责。原本指望通过这种模式在多元权力主体之间形成竞争，然而实际情况却是各个部门之间条块分割，各自为政，导致科学场域实际处于割据状态：在资源分配时，各个权力主体争着分蛋糕，在盘点国家目标（使命）或责任时，没有任何机构愿意为此负责，这就是我们习以为常的责任主体不明确的现象。这种局面的出现就是计划经济的遗传特征，它的思想基础就是理性建构主义。权力部门认为根据理性就可以计划与设计一切，这种理性自负的最严重后果就是扼杀竞争以及资源的自由流动机制，在这种模式下也是没有公平可言的。对于体制外而言，留给任何独立从事科研的机构与个人的空间都很小甚至没有（中国民办大学之所以沦落为四不像，其原因也正在于此），这种外部权力的萎缩造成了体制外的竞争乏力。由于缺少有力的外部竞争，体制内渐渐形成不同主体主导的垄断利益集团。正是因为中国科技体制内外之间的权力配置的严重不对称，导致中国科学场域内奉行的原则是利益的政策而非原则的政策。

一个好的科技体制的表征应该是内外权力配置均衡，它的职责就是提供公平的规则，营造良性竞争环境，遏制垄断。之所以强调公平原则在科技活动中的作用，是因为在宏观层面上，公平的原则可以降低整个社会的运行成本，变相地提高了社会的收益，而且竞争促使资源自发地达到最优配置。另外，现代神经经济学的研究已经证明：即便与己无关，公平也能给人带来内心的愉悦，这种偏好降低了社会信任成本；反之，一个不公平的社会，它的运行成本将变得非常高，从而变相地耗费了整个社会的福祉。要实现公平原则，就必须制约权力。要知道，权力本身也是一种资源，它的合理配置也是要通过竞争来实现的。由于权力本身的再生产特性，一旦权力资源出现错误配置，不仅仅是一种浪费，而且其对科技领域造成的危害更严重。基于这种考虑，科技体制改革的核心任务就是确立一种有效的协调机制，以此来降低内部的权力分散程度，扩展外部权力所占的比重，在整个科学场域内建立起最低限度的公平机制，这等同于降低了科技活动的交易成本。让科技资源遵从看不见的手的指引，通过竞争实现资源配置的最优化。这种协调机制的一个可见后果就是把技术发展的权力更多地留给市场，为了弥补可能出现的市场失灵现象，把基础研究部分留给政府。这种协调机制相当于理顺科技场域内的社会分工。

如何使科技资源实现配置最优化，这是一个老问题，然而实际的解决效果并不好。可以把支持科技活动的资源分为三类：人才、经费与制度（正式制度与非正式制度）。那么，我们就可以清晰地看到，人才资源的背后是人力资本在起主导作用，而资本的最大特点就是追求利润最大化。因此，从资本角度而言，让人才发挥最大效用的首要条件是要有一个公平的进入与退出机制（正式制度的一部分）；其次，人才的本质是人，他有受到尊重与自我实现的需要，而满足这一点还是需要一个好的制度环境（包括正式与非正式制度）。至于资源配置的最优化，更是需要制度提供的公平竞争原则，这是市场选择的必然结果。经济学家帕伦特与普雷斯科特（2004 年诺贝尔经济学奖获得者）的研究指出："发达国家与落后国家的差异在于全要素生产率的差异（TFP）。而造成这种差异的原因在于，大多数的约束或者说障碍，都被用来保护当前生产过程中已有的集团某一方面的利益。消除垄断权利后，全要素生产率和产出会出现潜在的大幅增长。”①至于制度，按照美国社会学家W·理查德·斯科特的划分：“规制性、规范性与文化—认知性系统分别确定为制度的关键要素。实际上，这三大要素构成了一个连续体，其一端是有意识的要素，另一端则是无意识的要素。”②这是按照功能角度对于制度构成的划分，由此，可以检测我们当下的制度要素中哪一个构成要素比较薄弱，就可以找出相应的解决办法。无论怎样解构制度，能够提供公平机制的制度才是保证资源配置实现最优化的基础性条件。现在的问题是，如果中国的科技体制无法消除这些障碍因素，将会不可避免地造成资源的效率损失。作为破除障碍的一种尝试，我们提议设立一种正式协调机制，以此来弥补与矫正体制内外权力不对称分布格局下的公平机制缺失问题，在短期内实现最低限度的公平局面，盘活现有各类科技资源，堵住制度固有的效率漏洞，全面提升科技资源的全要素生产率，这才是当下科技体制改革的核心任务。最后形成在公平原则主导下，各类科技资源通过社会分工与竞争机制实现自由流动，这样才能真正实现中国科技的质量与效率的实质性改进，并最大程度上遏制长期存在的

① 斯蒂芬·L.帕伦特、爱德华·C.普雷斯科特.通向富有的屏障【M】.苏军译.北京：中国人民大学出版社，2010：2。

② W.理查德·斯科特.制度与组织——思想观念与物质利益【M】.姚伟、王黎芳译.北京：中国人民大学出版社，2010：59。

由权力魔咒带来的效率损失问题。

咨询与决策的质量保障：国家科学顾问委员会

科技发展日益成为支撑社会、经济发展的重要引擎。然而随着科技建制规模的日渐庞大，科技发展面临的问题也愈发复杂化，由科技引发的社会问题更是难以评判，这就导致管理科技的难度也随之快速增大。在这种背景下，如何有效地处理科技发展中遇到的诸多问题，就是当下世界各国科技管理的重要实践问题。为了深化讨论，我们从科技政策角度入手来分析这个问题，毕竟科技政策是当下对科技发展影响最大的外生变量。由于我国的政策制定主体仍然锁定在精英制定主体的模式上，这种政策制定模式已经无法处理大科学时代科技发展所面临的复杂局面。为了彻底扭转这种局面，提高政策质量，我们必须改变传统的政策制定范式，引入外部智力资源，提升政策制定的知识内涵，并最大程度上限制行政部门日益泛滥的自由裁量权问题，加快政策制定主体的转型。这就是本文建议加紧成立国家科学顾问委员会的初衷所在。

为了有针对性地提高科技政策的质量，我们需要搞清楚当下的科技政策的内容结构，并从中发现问题的所在。在笔者看来，科技政策的内容可以拆分为三个维度：首先是科技维度，其次是政治伦理维度，第三是政策的价值维度。以往我们制定政策，仅仅考虑科技政策所涉及的主要科技问题，而很少关注与此相关的政治伦理维度与价值维度，导致即使政策问题诊断准确，而政策运行结果却很糟糕的局面，这才是我国科技政策制定质量长期低下的主要原因。之所以会出现如此大的疏漏，是因为我们的政策制定范式决定的。当代的研究已经证明，一项高质量的科技政策，除了满足政策所涉及的科技内容外，还要本着道德约束与政治节制的原则。通常来说，我们的科技政策制定主要是由行政部门牵头，组织或者委托某个专家组来完成政策草案，在此基础上，行政部门再根据自己的偏好做出修改意见。由于行政部门内部的专家面临职业选择的两难困境：如果完全转向技术性的发展轨迹，在官僚系统内部就会被边缘化；如果完全行政化，久而久之，则不可避免地造成技术水平的整体下降，从而无法制定出高水平的政策。为了弥补这种困境，行政部门基于特定的心理偏好，选定的专家组也基本上是具有高度趋同偏好的一群人，他们对行政部门具有高度的依附性，导致政策制定无法从根源处弥补政策内容的制度性缺失，从而促使政策制定模式锁定在一种习惯性陷阱中。为了打破这种怪圈，亟须引入一种外部智力资源，既可弥补行政部门知识退化的不足，又可以越过既定群体的习惯性偏好的陷阱，这种力量就是独立的国家科学顾问委员会。

从政策制定角度而言，一项高质量的科技政策，不仅需要对科技问题进行正确处理，还要高度关注此项政策涉及的政治伦理问题，即是否符合伦理原则，比如无歧视的公平原则、对于政策手段与目的的伦理约束等；对于大多政策受众来讲，该项政策的价值原则包含两方面的体验：政策体现的价值观与政策受众的价值观是否趋同，这是政策获得社会认同的基础。其次，任何科技政策的制定背后都涉及资源的配置问题，所有政策在资源配置上都应该最大限度上达到提高整个社会福祉的目的，力争符合帕累托最优模式，按照功利主义的原则，就是满足最大多数人的最大幸福，如果政策不能体现这个价值原则，那么政策出台后的社会运行阻力会快速上升，导致政策效率无端损失。

为了实现上述目的，我们亟须设立国家科学顾问委员会，以此来保证政策内容的科学维度、伦理维度与价值维度被同等重视，这也就是所谓结构诱导性均衡。科学顾问委员会原本是美国在二战后期开始尝试的一种制度安排，它的初衷是利用政府外部的智力资源为总统提供全方位的科学咨询与建议，并参与重大决策。因此，美国学者希拉·贾萨诺夫把科学顾问委员会称作“第五部门”，由此可见它的巨大作用。它的正式建制化是20世纪60年代初的事情，半个多世纪的历史经验证明，这项制度创新对于政策质量的提高发挥了重要作用。作为一种独立的政策建议与咨询机构,它的最大功用就是拓展政策问题视野并遏制行政部门在政策制定中的过度自由裁量权问题,以及为日益增多的各种与科学有关的争议问题提供高质量的政策咨询建议。

客观地说,中国科技政策质量之所以比较低,就是因为行政部门凭借垄断性权力所拥有的过度自由裁量权,随意切割政策问题域,而无需顾及一项政策潜在的伦理维度与价值维度,或者仅仅为了实现一个乌托邦式的美好目标,从不关注手段的选择是否符合伦理原则。正如美国政策专家希拉·贾萨诺夫指出的:“科学政策制定过程中高度的自由裁量权与极少的司法谦抑带来的不稳定性,成为科学政策范式最终衰落的主要原因。”[①]另外,由于中国的特殊政治架构,在政策工具选择层面,过分迷恋强制性政策工具,以牺牲个体的偏好与自由选择权来贯彻政策目标的实现,从而导致政策的认同度普遍比较低与运行阻力比较高的诡异局面。我们习以为常的政策失灵与政策冬眠现象,都是这种政策制定范式的必然结果。从这个意义上说,拟议中的国家科学顾问委员会的构成应该是这样的:在聘期上,任

---

① 希拉·贾萨诺夫. 第五部门:当科学顾问成为政策制定者[M]. 陈光译. 上海:上海交通大学出版社,2011:73。

何级别的科学顾问，明确规定不得超过两届任期，委员会成员接受相关部门与全社会的监督；在岗位设置上采取少量固定岗位与多数流动岗位相结合的原则；在学科布局上，应该尽量包括从科技到人文的众多学科的学者，以此弥补政策问题确认中出现的问题域缩减的情况；在人员构成上，顾问委员会的成员的来源要尽量多元化，包括政府、产业界、学术界、社会公众等各个层面，照顾到各个群体的利益；在隶属关系上，国家科学顾问委员会应该是一个直接隶属于国务院的独立机构，只有这样才能有效地遏制行政部门的过度自由裁量权，并为国家与社会提供独立的高质量的政策咨询建议与对策。

综上所述，科技体制改革是当代中国的一场伟大的实践，成败意义重大。为了在最低的改革成本约束下达到预期目的，我们需要通过协调机制克服与遏制各种障碍，以实现公平原则下的资源配置最优化。为了使科技体制改革时刻处于正确的轨道上，在实践层面上，我们亟须设立国家科学顾问委员会，以此为政策、咨询与行动提供最可靠的质量保障。

沙县小吃、燕翅鲍与诺贝尔奖

在学校附近的沧源路与东川路的交叉口上有一家沙县小吃店，店主人是一对中年夫妇。男人被阳光晒得有些黝黑，高高瘦瘦的，很精神，女人胖胖的，总是笑眯眯的，也很和善。店子很小，但被主人打理得很干净。我有时手里事多没有时间做饭，就会跑到那家小店买一碗雪菜面(4 元)，或者来一份鸡腿套餐(10 元)，感觉吃得很好。这几年也是吃过很多次沙县小吃，总体感觉很中国。在小店子吃饭，感觉很踏实，也吃得饱。我一直认为，沙县小吃就是肯德基和麦当劳的初级版本，只不过目前显得有些简陋而已。私下里我曾戏言：沙县小吃就是中国的第五大发明。一个产业能够提供如此大的就业岗位，以最靠谱的方式满足寻常巷陌里的大多普通中国人的饮食之需，难道这项成就还不够资格评为第五大发明吗？

恍然想到 20 世纪 90 年代末，一次去北京，与朋友们在小店里吃饭，朋友恨恨地说，老李别着急，等兄弟我发达了，我一定请你吃燕翅鲍,记得当时我们哈哈大笑。当燕翅鲍成为一种理想的时候,其实再谈理想已经是很让人尴尬的事情了。这些年过去了,在记忆中仔细搜索,好像吃过一次鱼翅,就是像粉条一样的东西,没有什么感觉,鲍鱼也吃过一回,感觉跟小时候吃过的蛤蜊肉没有多大的区别,燕窝至今没有吃过,也没有兴趣。其实,对于寻常的中国来说,燕翅鲍根本不重要,反而是那些如沙县小吃之类的东西更重要。这个世界奇怪的地方就在于,那些其实不重要的东西,往往被我们赋予了太多的意义,而真正重要的东西则被我们熟视无睹或者有意看得很轻。这些年我也常想这样的问题,为什么会这样呢?其实,这与公众对于稀缺性的认识有关,问题是稀缺的东西并不一定都是重要的。

看到网上诸多博友又开始亢奋地热议诺贝尔奖,不由得想到上面的一些寻常巷陌里的琐事来。记得2007年参加一次会议,中午休息的时候与北大刘华杰教授也聊过这个话题,我们的意见大体一致,即对于当下的中国科技界来说,有没有一个诺贝尔奖其实并不重要(印度就有好几位诺贝尔奖获得者,其发展并不令人羡慕)。真正重要的是把基础教育、高等教育搞好,把科研评价体系搞好,经过这样的努力,假以时日,自然会做出好的工作来。如果全然不顾这些,一味追求所谓诺贝尔奖,反而是舍本逐末了。记得当时我们还设想了一种虚拟场景:假如一个无名的人突然获得了诺贝尔奖，以前大家谁都不知道他。接下来，我们的各级机构就开始粉墨登场，演出一曲戏剧性的造神运动：没有院士资格的补授院士称号，没有职务的安排一个职务，再“赏”给一个重大项目，然后开始全国巡讲，各地作报告，从上到下的各类人才称号如雪片般纷至沓来，最后接受 CCTV 采访，开始大谈成长经历如何如何，最后感谢 XXX 或者 XYZ，全国上下一片喜气洋洋，所有存在的问题又一次在闹剧中被遮蔽。最后，这位新贵人开始成为全国的谈资。一位科学英才就此彻底废了，然后沦落风尘。然后，我们就开始寻找下一个可以娱乐全国的新猎物，周而复始。

对于国家来说，提高整体科技水平是当务之急，也是为未来作准备。在政策安排上，至少可以采取田忌赛马的策略，把资源用于提高整体水平，而不是赌博似地押宝在某个学科或牛人身上。这样做，至少在总体效果上，国家会取得实质性的进步，否则真的会输得很惨。少几个诺贝尔奖没有什么，如果为了赌博把家底都输掉了，那就糟糕了。至少没有燕翅鲍是不会死人的，而缺少了众多的沙县小吃，那真会出大问题的。

学术定价机制与产品质量阶梯

前些日子与朋友聊天，聊到这样一个话题：为何从近30年的流行歌曲中，源自内地的优秀作品数量远远赶不上港台的数量，这是一个很有意思的问题。联想到科技界的现状，也呈现出同样的现象：中国内地科研论文的产量早已排名世界第二，已经是名副其实的科研大国。但是，从学术影响力与原创性角度来看，又无法真正成为世界科技强国。这期间深层的原因是什么？抛开制度环境的差异不谈，一个重要原因就是学术定价机制扭曲，导致产品质量阶梯难以提升。按照常规的看法，价格与产品质量呈正相关关系，即高质量的产品也是高价格的，只有这样才能补偿高质量产品生产过程中的投入成本。基于此，就存在三种常见的价格—质量模式，即高质量高价格组合，中等质量中等价格组合，以及低质量低价格组合。这是正常的价格质量组合模式。如果市场开放程度不够，就会出现如下几种定价扭曲组合：高价格低质量组合、低价格高质量组合。第一种模式依靠垄断地位以及行政权力暗中支持得以实现；第二种模式，产品的生产者要承担巨大生产成本亏空，这是任何理性经济人都无法承受的，也是不能持久的。

回到大的宏观背景，知识经济年代的最大特点就是基于知识的经济。换言之，知识产品作为商品在市场中是按照等价原则进行交换的。知识产品的生产与其他任何行业一样，也是需要生产者付出大量时间和精力的，这些就是生产知识产品的成本。为了能使知识产品的生产保持连续性而不至于中断，在知识产品的交易中，就要遵循一分价钱一分货的原则。即价格与质量是正相关的。换言之，知识产品的交易必须满足收益大于成本的边界条件，否则知识产品的生产将中断或者发生扭曲。

当下中国知识产品生产中面临的最大问题，就是学术定价机制的扭曲，导致学术产品的定价不是完全按照市场规律来运行，结果就出现了学术定价严重背离学术产品的生产成本，导致知识的生产者的劳动收不抵支。如何弥补这种知识产品生产中出现的收益赤字？就是解决当下知识产品位于质量阶梯底层的关键所在。在价格被行政权力垄断性定死而无法改变的前提下，生产者唯一可行的选择就是降低知识产品的生产成本，以此维持成本与收益的平衡。降低知识产品生产成本的通行路径就是降低产品的生产性投入（时间、精力、资源），这么做的结果自然是产品质量的下滑。毕竟知识产品的生产者作为理性的经济人，在市场中也要遵守经济规律，否则他是无法生存的。正如著名的坊间慨叹“十五的月亮”16元，就是例证。这首著名的歌曲，歌词作者只获得了16元的稿费，而演唱者却凭借这首歌成为百万富翁。反差如此强烈，那么还有谁愿意去创作歌曲呢？所以，我们今天看到了音乐界的一个怪现象：好歌手比好歌曲要多得多。因为创作回报太少，甚至不能弥补生产成本。相反，歌手的收益则要比创作者高很多，所以人们更愿意去做歌手，而不愿意去搞创作，这就是市场那双“看不见的手”调控资源配置的结果。基于这种考虑，提升学术作品质量的关键举措就是改变计划经济模式下的学术定价扭曲机制。把学术定价的权力交还给市场，通过市场的调节，使知识产品的生产回归到正常的收益大于成本的状态。否则，空谈提升学术质量于事无补，一味从道德制高点上指责生产者浮躁，只能招致生产者的嘲笑，毕竟质量阶梯的攀升是需要大量投入的。只要看看当下国家版权局所颁布的指导性稿酬标准（每千字几十元的稿费标准，几十年来没有多大变化，而如今的物价已涨到何种程度），便可初窥端倪，仅凭从事文艺或学术创作根本无法谋生，稿费太低，远远无法弥补学术产品生产中的投入成本。正是由于长期奉行的低稿酬制度，中国基本上消灭了自由撰稿人群体的存在。即便鲁迅在世，在如此稿费标准下也将愤然投笔从商,绝尘而去。

随着市场的逐渐开放,整个社会对学术产品的需求日益增加,这时,部分出版机构为了适应市场的变化,稿费标准略有提升,产品质量也有了明显的改善。但是,这种提升幅度仍然非常有限,靠文字为生仍然艰难,很少有人能够靠文字维持一种体面的生活,此时,学术产品的生产者也只好仍然维持在低成本、低收益与低质量的三低状态。古今中外的历史已经证明:好的作品必须获得应有的回报,在学术市场上不存在物美价廉之说。这就要求全面开放学术市场,把学术定价权交还给市场。当学术产品的价格回归到正常的市场价位的时候,好的作品自然会出来,整个学术产业的质量阶梯也就自然会提升。毕竟,学术产品的生产者除了必要的物质回报追求外,他还追求学术产品给自己内心带来的精神愉悦感和成就感。

警惕中国人才市场沦落为“柠檬市场”

《柠檬市场》(1970)是2001年诺贝尔经济学奖获得者乔治·阿卡洛夫的经典论文。所谓柠檬市场,也称次品市场,是指在信息不对称的市场中,产品的卖方对产品的质量拥有比买方更多的信息。在极端情况下,市场会萎缩甚至完全失灵,这就是信息经济学中的逆向选择。也就是人们常说的劣币驱良币现象。由于信息的高度不对称,这种情况在中国更为普遍。这个现象不禁让笔者联想到目前中国的人才市场现状,在偏见与误解盛行的背景下,中国的人才市场已经开始滑向柠檬市场,这是一个很危险的信号。

为了论述的清晰,我们不妨把中国当下人才市场的运作模式分析一下。由于中国整体科技发展水平在世界上处于落后状态,因而官方习惯性认为中国的教育体制是不成功的(“钱学森之问”就是一个标志),由此而来的科研能力也是低水平的,在这种以怀疑论作为背景信念的预设下,官方作为人才市场的购买者,由于信息的不对称,无法准确了解国内人才的真实水平——因为这些信息是作为卖方的人才的私人信息,这时官方就不会出很高的价钱购买国内人才,而是有意压低国内人才的价格。而国内人才虽然整体水平与世界相比有些差距,但是其中个别人才还是相当优秀的,由于官方出价远远低于这部分人才的真实价位,这些人才会选择退出市场(即笔者所谓“走西口现象”),从而导致国内余下的人才整体水平再次下降,这时作为买方的官方就希望再次降低购买价格,从而导致又有一些人才开始退出市场,这样循环下来,国内市场中的人才就真的变得水平越来越低,如果任其发展下去,国内的人才市场就真的沦落为彻底失灵的“柠檬市场”。日前网上披露的一所“985”大学招聘人才时注明:限招境外博士,就是这种情况的一个极端反映。目前“国产”博士待遇的每况愈下就是柠檬市场出现的一个风向标。

表面看来,官方作为人才的购买者在国内人才市场上赚足了超额利润,但是在向海外招聘高级人才时同样面临信息不对称的困扰。它无法准确了解海外人才的真实信息,只能依靠一些象征标志或者专家系统的甄别。为了能够吸引到海外优秀人才,官方要开出与海外几乎相同甚至更高的待遇。问题是,真正的人才除了考虑有形的待遇价值外,还会考虑到科研环境等无形的价值,这两项价值之和才是他内心的真实价值,从这个意义上说,仅仅在收入上与国外持平，还无法真正吸引到那些优秀人才，毕竟这个价值小于他内心的真实价值。“千人计划”运行得不畅以及开始回溯就是一种典型的症候。但是，相对于国内的人才价格来说，这已经是天价。此时，人才政策的实施在信息不对称的约束下，容易出现所谓“中国病”的现象，即高价格购进低质量人才，而这些人才有可能就是在国内人才市场沦落为“柠檬市场”时的退出者，这种像暴发户一样的炫耀性消费，对于合理的人才政策的破坏力是非常巨大的。久而久之，中国的人才市场就彻底沦落为柠檬市场，只能依靠海外输血来维持运转，这时人才政策就处于完全失灵状态。而“中国病”在公共领域内就演变为一种表演领域与策略领域。

为了避免人才市场退化为柠檬市场，以及防止“中国病”的发生，就需要用政策避免人才承认机制中存在的歧视现象，建立科学的人才评价指标体系，而不是偷懒地单纯依靠象征标志，象征标志对于人才的识别只具有统计学意义。因此，为了解决人才的柠檬市场现象，建立公平的竞争机制与承认机制是首要任务；其次，对于国内外人才采用同工同酬的策略，大幅度提高人才的市场价格，从而让人才能够真正进入市场而不是退出市场。试想当年国共两党争夺天下的时候，国民党方面依靠经济实力可以招聘到很多具有象征标志的人才（如黄埔军校毕业等），而共产党方面由于缺乏经济实力，只能招聘到那些有能力但没有任何象征标志的人才，经过22年的国共战争的实践证明，共产党方面的那些没有象征标志的人才在能力上一点也不比国民党方面具有象征标志的人才逊色。仅从经济学角度来说，当年共产党方面的人才政策就比国民党方面的人才政策更合理、更有效率，因此收益也就更大。而如今，我们为什么把这些好的传统都忘掉了呢？

国内人才市场一步步退化为“柠檬市场”，人才招聘中暗流涌动的“中国病”现象，都是我们这个时代思想教条的耻辱！

从老太太现象看人才标准的选择

近几日科学网上“土洋”之争又一次波涛汹涌，热闹之余，还是让人有些遗憾。客观地说，这个话题炒了20年，我们在认识上可以说丝毫没有进步，仍然是用一种偏见代替另一种偏见，而且这种趋势也有愈演愈烈的态势，甚至上升到国家政策层面（各种招聘启事就是明证）。这里涉及一个被遮蔽的老问题：人才评价，评价什么？从形而上的角度来说，人才评价的基本原则是公平，那么基于公平的原则，我们该评价什么？这就涉及人才的实质是什么，按笔者以前的说法就是人才所拥有的学术资本存量问题，我们每天的努力也都是在缓慢地积攒学术资本，整个市场以你所拥有的学术资本的存量的多少给予相应的回报，这才是问题的实质。那么人才评价体系中与学术资本存量无关的因素都应该不予考虑。正如在政治上我们所形成的平等共识那样：不以种族、地域、宗教、性别、肤色、出身来衡量人一样，因为这些因素与人的本质无关，只有基于此，人的平等才是现实的，文明的进步也在于此，由此，一个公平的社会才有可能出现。

当下的人才之争又退回到落后的地域、出身之争，恰恰遗忘了人才评价的实质。地域、出身之争本是工业化时代兴起时的模式，那时整个社会用人需求快速增加，为了降低人才的鉴别成本，只好用地域与出身的整体水平来替代对个人水平的考察，这是一种工业扩张时代的权宜之计。其根本原因在于，当时的个别企业与个人没有能力也没有那么多精力与资源用于鉴别人才，所以只好用粗略的替代策略解决日益增加的鉴别成本问题。时至今日，这种模式的弊端已经充分展现，如今我们已有能力去鉴别人才，仍然套用老模式只能是出于傲慢的心态而已（排除无知的可能性），借此羞辱对方，达到蔑视的目的。笔者曾在课下对同学们聊起，在检索系统如此发达的今天，任何人如能真正攻克癌症等尖端问题，不论该成果发表在何种小杂志、或者作者来自于任何无名的机构或者偏远地区都会被快速承认。其原因就在于他贡献的学术成就与那些外在要素无关。能够让孟德尔、爱因斯坦彪炳史册的是他们的成就而非他们的种族、性别、出身等因素，笔者 10 年前曾与朋友喝酒聊天时说过一个段子：在评价女人时，人们总是习惯去比较女孩们漂亮与否，但很少有人去比较哪个老太太更漂亮，而更关注她们的内在品质。为什么会有这种变化，其实这是很有趣的事情。

一个学者最终是要靠学术成就来说话的，对于其他的历史并不太在意。因为那都是与成就无关的流变之物，真正具有永恒魅力的是他的成就。笔者曾戏言：能够战胜时间才能称作永恒。与其搞地域与出身之争，不如踏踏实实地做好自己的工作，用成就引领人生。

恰好手边有一本法国浪漫主义画家德拉克罗瓦（1798—1863）的日记，其中，他在 1856 年 2 月 21 日写的一则日记很有趣：没有杰作，也就无所谓大艺术家，而艺术家如果一生之中只产生过一件杰作，那么仅就这一桩而言，他还算不得是大艺术家。像这种东西一般都出自年轻人之手。有的时候，由于天才早熟，或是一下子心血来潮，搞出一件非凡的作品，但是这种早期显露出的艺术家的苗头，需要在他成熟之后，在他到了真正有修养的年纪之后，才能得到巩固。总而言之，只要是有才能，这一点往往是不成问题的。

如果说人才政策的一个主要工作是对人才的学术成就进行准确评价的话，那么人才政策还需要关注的一个问题就是对人才的发展阶段做客观评估。毕竟学术成就与人才的发展阶段密切相关。对人才发展阶段的测评可以实现两个目的：其一，知识生产的可持续性，用稍微学术点的话说就是人才的边际产出大于零；其二，可以充分利用有限的资源，实现物美价廉的科技发展路径。这样做可以避免国家花冤枉钱，不必为人才的以往成就重复买单（如对人才名气的泡沫消费等），毕竟我们还是一个发展中国家。关于这一点，美国的人才政策制定模式值得我们学习。美国用最低廉的价格从全世界招聘优秀博士后，这些人正处于事业上升期，恰恰是边际产出率大于零的阶段，而此时并没有多少名气，所以不必为人才的名气重新付费，然后就是以低廉的价格收获人才持续不断的产出。反观中国当下的人才发展战略，恰恰走在了一条昂贵的路径上，这种做法在资源的硬性约束下是不可持续的。

笔者曾分析过中国科学精英的年龄问题，有些数据很令人担忧。据资料介绍，目前中国工程院共有在职院士 765 人，平均年龄 74.3 岁。无需多说，大家都明白，中国科学界的精英已经出现了严重的老龄化趋势。在一个民主机制有待于不断完善的国家里，以及资源稀缺的硬性约束，中国科学界在权力配置、资源分配、目标选择以及价值观输出上存在严重问题。据笔者的研究，任何人，包括科学精英在内，70 岁是一道门槛：思维活跃程度的临界点。退出机制很重要（以往的资深院士的制度设置在实际中并没有起到应有的作用），未来的改革方向应该是加大 45—65 岁的精英比例（使之符合科学家的工作峰值年龄分布）。改变科技人力资源的配置结构，力争使各个年龄段的人才的各种能力得到充分的释放，重新激发科技界被浪费的活力与激情。只有经此努力,科学界才会在短期内实现在绩效与状态上有实质性的变化。以此,重新赢得整个社会与公众对科学界的尊重与认同,并继续对科学的未来给予支持并抱有信心。所以,元老院模式必须改革!科学不是怀旧的城堡,科学是一项需要未来也创造未来的事业!

总而言之,中国的人才政策出现了集体性"时态错置",这是很糟糕的事情。毕竟,过去时与将来时的选择对于国家未来道路的选择给出的指向是不同的。如何化解这个难题?笔者对此提出一个自产说法:人才的"能力分区优势",道理很简单,这是任何生命周期展开的自然规律。

所谓能力分区优势,是指根据人的生命周期中各个阶段的能力指标分为几个区间:如少年、青年、中年、老年,每一个区间对于个人而言具有不同的能力优势:比如青、少年具有很强的学习与吸收能力,那么这个区间就是学习主导型区间,以学习为主;青年晚期到中年这个区间,创新能力以及思维活跃程度比较强,这个区间就是创新区间,以创造性工作为主;中年晚期,思维与创新能力开始处于平台期与下降期之间,此时经验与方法都有,属于学术巩固期,科研工作处于平台期,或略有提升,此时以扎实工作为主;晚年创新能力、思维活力与体力开始显著下降,此时正处于经验丰富、办事老练,不再浮躁的阶段,此时以向青年传授经验与养生为主,不宜再从事探索性工作(各个能力区间有重叠,具体年龄划分可参照人才学的一些研究结果)。

综上所述,中国人才政策出现的最大问题在于“时态错置”,能力区间与工作性质错误配置。即把过去时当成将来时,造成资源效率低下以及整个科学界缺乏活力。一个好的人才政策应该根据“能力分区”原理,充分利用各个区间的人才能力资源。毕竟任何能力资源都是宝贵的,老人有老人的能力优势,青年人有青年人的能力优势。笔者曾对记者讲过一个自编的段子:你总不能让老人去前线吧,那是对老人的不负责任。前线的性质决定了那是青年人的能力领域。在这个方面,中国真的应该向美国学习。美国从全世界范围内以廉价的方式招聘博士后,充分利用了人才的能力分区优势,导致美国科学界总是充满活力,总是有最新的想法和前卫的观念向世界输出。而我们总在为过期的人才重复买单,这是严重的资源浪费,虽然从政绩角度来看很美很华丽,但对于科学界来说,实际疗效并不显著。

承认与分配：人才政策的两个支点

随着第一批“万人计划”名单的出炉，尤其是号称肩负冲击诺贝尔奖的第一层次的“杰出人才”名单的公布，引来整个社会的高度关注。坦率地说，这是好事，至少表明整个社会对于中国科技界还是抱有信心的，从这个意义上说，这项计划的出台是值得充分肯定的。在世界整体经济增长方式从外生增长模式向内生模式转变的今天，科技的作用越发通过人才体现出来。因此，培育人才、发现人才、用好人才就是所有国家最重要的工作，而要做好这项工作，必须通过高质量的人才政策体现出来。那么一项好的人才政策要满足什么条件呢？在笔者看来，所有的人才政策都有两个核心支点：承认与分配。如果这两个支点处理得不好，人才政策就会处于畸形状态，进而阻碍科技的发展。

为了更好地说明本文的观点，还是以“万人计划”作为分析的样本。万人计划的全称是《国家高层次人才特殊支持计划》，该计划是由中央人才工作协调小组审议，由中组部牵头,11 家部委参与的一项国家级人才计划。它的本意是平衡海外的“千人计划”,专门面向国内高层人才的人才政策。该计划打算从 2012 年开始,用 10 年的时间,扶持一万名左右的高层次人才,并给予相应的政策与经费支持。这就是社会上广为热议的“万人计划”的缘起。万人计划之所以被公众热议,是因为对于该计划存在一个误解,即人才是否贬值了？以及国内是否真有这么多人才。其实,只要我们仔细看看中组部下发的文件,这些误解不难消除。这个特殊支持计划希望用 10 年左右的时间培养人才总量为 10 100 人,对于我们这样大的国家而言,真的不多。换算成每年也就 1 010 人左右,我国现有的各类大学就超过 2 400 余所,一所大学还平均不到一个人,更不论国内还存在数以千计的政府与企业的科研机构。这个人才规模真的不是很大。我们再来看看中国科技人员总量早已超过 6 000 万,在这个总量基础上,再挑选万名人才,应该说是有很好的基础的。我们再来看其构成,这种感觉会更强烈,万人计划的构成是这样的：杰出人才 100 人;领军人才 8 000 人,其中：科技创新领军人才 3 000 人,科技创业领军人才 2 000 人,哲学社会科学领军人才 1 000 人,教学名师 1 000 人,百千万工程领军人才 1 000 人;最后一项是青年拔尖人才 2 000 人。按照计划中的规定,入选者每人支持 100 万元,每年的投入也就 10 亿元左右,相对于我国每年近万亿元的科技投入而言，这项计划的投入真的不是很多。

任何人才政策都要关注两个核心政策支点：即承认与分配。政策制定之所以复杂，是因为它要协调两个不同范畴的概念：承认是偏向于政治学的概念；而分配则是经济学概念。不同范畴的概念在协同实现政策目标的时候就需要找到共同的形而上支点，否则这项政策必定会出现效率损失。按照美国科学社会学家默顿的说法，承认是科学界的硬通货。承认的基础是对每个科研工作者所作出的科研成就的认定，它的获得机制是通过国家授权的具有合法性的机构的认可。如果承认机制扭曲了（偏离学术成就，而看重成就以外的其他因素），就会对个体造成实际的政治不平等。千人计划的承认标准的设定就是以海外教授为门槛，这就通过学术以外的承认阻击了本土学者的进入。万人计划则是对本土人才的一种补偿，采用的策略同样是扭曲的承认机制。当然，这种扭曲的承认机制是为了配合特定的政策目的，但这种做法终究不是长久之计，人才的承认机制必须建基于学术成就。长期来看，政治不平等对所有人都是一种伤害，对科学的发展也是一种阻碍力量。至于分配，一定要本着经济平等的原则。毕竟分配的不平等会造成政策效率的损失，以及群体心理偏好的逆转，还有对制度本身的认同感的降低，这种代价是任何政府与国家都无法承担的。

基于上述原则,中国各类人才计划主要存在三个问题。首先,计划的层级设置不合理,国家与地方的人才政策衔接不好,出现空档。任何一项完善的人才政策的制定必须按照能力梯度设置成明确的连续区间,这样就能充分调动各个层次的科技共同体成员的积极性,形成科技共同体内部的有效对流渠道,即每个人根据自己的能力都有明确的晋升目标和空间。其次,各类人才政策在核心支点要素上都存在承认机制的扭曲,然后,被迫造成用新的扭曲政策去纠正前一个扭曲政策,人为造成共同体在精神层面的分裂与制度性身份歧视,这是典型的政治不正义的表现。第三,目前各类人才政策仍然没有解决好分配不正义的现象,赢者通吃现象愈演愈烈。由于边际效用递减规律的硬性约束,造成科技资源使用效率的降低。在理想状况下,人才政策要处理好承认与分配的衔接作用。换言之,人才政策中的承认与分配的捆绑模式在不同能力区间是有所区别的。在人才的某一个能力区间,承认机制是最敏感的,而在另一个能力区间分配机制是最敏感的。一项高质量的人才政策必须能够为特定人才提供最敏感的激励要素,只有这样才能获得最大的政策收益,也才能真正促进科技事业的发展。比如,我国的国家最高科技奖就处于敏感因素错置的状态。对于那些杰出老科学家而言,他们最想获得的是国家对于他们过往成就的承认而非金钱,而我们的政策安排却是把承认与资源分配捆绑在一起，结果导致资源使用处于低效率状态。再比如英国等欧洲国家会给杰出科学家授予爵位，但那仅仅是一种荣誉，并不捆绑资源分配，这是很有道理的。

这次万人计划仍然没有解决好承认与分配的问题，可以想象，这些获得资助的科学家又会转身投入到下一次资源竞争的行列，随之而来的不是造就科学大师，而是培育了一批科学富翁。随意翻翻名单，不难发现其中很多人都是重大项目的承担者，并不缺经费。科学永远是追求真理的拓荒之旅，而非追逐利润的经济人。记得法国画家雷诺阿曾悲伤地说：当我牙齿好的时候，我吃不起牛排；而当我吃得起上好牛排的时候，我已经没有了牙齿。为了避免这种情况的出现，就需要政策适时调整承认与分配等资源的配置方式，这也是政策是调整市场失灵的一种有效机制。基于这种理解，我们一直建议，国家应该加大保障性科研经费的供给，减少不必要的申请与评审，为科学家节省科研工作时间，安安静静地做一些高水平的工作。

中国真正短缺的是人才还是市场

2013年6月一则新闻被广泛热议："中央人才工作协调小组办公室的数据显示，中国流失的顶尖人才数量居世界首位，其中科学和工程领域滞留率平均达87%。"（新华网），一时间感觉好像中国的顶尖科学家都跑光了似的，即将出现国无良才的黯淡局面。中国真的出现人才荒年了吗？其实，关于人才的话题也是科技界的老问题，实在不是什么新鲜事，关键问题是如何看待这组数据所折射出的问题。

在经济与社会发展越来越倚重科技的情况下，重视人才是必然选择，这些年中国政府为此做出了不少努力，出台了许多吸引人才的计划，这是值得充分肯定的。但是，中国的人才引进政策的运行绩效并不好，外表热闹，内在冷清。人才的流动与储备本是一件很普通的事情，为何竟然演变为比较棘手的难题？这里暂且不去谈论各类人才计划制定中存在的各种技术性的漏洞与弊端，仅从人才流动的一般规律来分析人才流动的内在机制是什么？把这个问题搞清楚了，人才流动的很多问题也就迎刃而解了。

人才流动的实质是知识的流动，它比一般知识产品流动复杂的原因在于，这些知识被嵌入到一个个具体的生命之中，不可分离。同时，这些个体不但携带着社会所需要的知识，而且他还能再生产新知识，这是人才流动问题复杂的结构性原因。单一的知识流动比较好处理，直接按市场价买来即可；而人才的流动则包含两方面的因素：其一，知识的转让价值；其二，生命个体的再生产问题。基于这个结构模型，我们来简单分析一下各类人才政策效率低下的原因。在市场经济社会，一切交换都要符合市场经济原则，各类资本的正常收益率是市场均衡的结果。人才所拥有的知识相当于知识资本，它必须在市场中获得合理的收益率；另外，为了维系他的知识再生产，市场还要提供相应的固定资产（个体的身体，以及生活与科研环境）的补偿。以往我们的各类人才政策仅着力于投入上，其相当于支付了人才所拥有的知识资本的收益，却并没有考虑到对生产知识的个体配置（身体、环境与文化）给予合理的补偿。这才是海外人才回归不踊跃的深层原因：流动造成综合收益的损失。如果政策给予人才流动充分的收益补偿（既包括知识资本的收益，也包括个体、环境与文化的价值），那么吸引到各类所需人才并不是什么难事。笔者曾戏言，只要你肯出大价钱，连诺贝尔奖级别的人才也是可以吸引过来的，这没什么好奇怪的，市场那双看不见的手会帮你解决很多棘手的问题。有人肯定会对这个结论提出质疑，并以20世纪50年代那批科学家以爱国情怀投奔祖国怀抱，并成就伟业的事实加以反驳，对此，只需变换一下解释视角即可说明问题。当时虽然给予人才的物质条件比较差，但是政府作为补偿几乎对所有人才都给予了一定的权力回报，要知道权力资本在市场中也是有回报的，在封建思想意识浓厚的国家，权力资本的收益率是远远高过知识资本的，从这个意义上说，那时国家的政策赋予知识分子的综合收益其实比现在高。

至于海外人才滞留，这根本不是人才流失问题，而是国内相匹配的市场严重不足造成的，现有的市场空间根本容纳不下这么多人才，回来干什么？等着由“海龟”变“海待”吗？这是市场短缺造成的必然结果。按照经济学的一个简单原则，资本具有集聚效应，以此换来最大化收益。那些人才之所以滞留在海外不回来，是因为那里有比国内更充足且更匹配的市场，更能发挥知识资本的作用，这是一个理性人的常规选择。由于国内政治体制改革的严重滞后，国内市场被各种利益集团垄断，按照市场规律运行的自由市场空间很小，从而无法形成对于知识资本的强烈需求。对于这种现象，笔者喜欢举的一个例子是：非洲不需要比尔·盖茨和巴菲特，虽然两人被世界公认是高端人才，因为非洲没有与他们两位知识相匹配的成熟的电子市场和股市，你把比尔·盖茨和巴菲特引进到非洲对双方都是一个伤害和损失。

基于上述分析，由于中国适合于高端人才发挥作用的市场空间过于狭小，以及政治体制改革长期滞后带来的严重市场萎缩，导致知识资本的流动空间也变小，在现有的生产模式下，中国实际上并不缺人才，而且还呈饱和现象（大学生就业难就是最明显的症候）。随着经济结构的转型，一些潜在的市场空间有望被释放出来，还有，国家对于未来竞争力和经济增长的期待，都需要高端科技力量提供更多的支持，这才是本轮中国人才流失论异常火热的深层原因所在。

目前中国真正短缺的不是人才，而是需要人才的市场。人才流失，仅仅是多年来市场萎缩的一个症候而已。古人云，临渊羡鱼，不如退而结网。把国内市场建设成符合国际规则的一流市场，并积极开拓新的、多元化的、立体的市场空间，那些储藏在海外的各类高端人才自然会回来的，毕竟追随市场永远是理性经济人的行为金律！

中国企业为什么创新能力不强

中国企业创新能力诊断

美国经济学家帕伦特与诺贝尔经济学奖获得者普雷斯科特在其合著的《通向富有的屏障》一书中，探讨了为什么在知识存量相当的情况下，有些国家富裕而有些国家贫穷的问题，其实，造成这种局面的关键原因就是制度设置的障碍。联想到我国当下的自主创新现状，具有很大的相似性。按照目前学界达成的共识，创新的主体是企业。据国家工商总局的统计，截止到 2012 年年底，全国实有各类企业总数已经达到 1 366.6 万户；从科技部提供的高技术产业的信息可以看出：2007 年，高技术产业增加值为 11 621 亿元，占制造业增加值仅为 12.4%，占 GDP 为 4.5%，据工业和信息化部的最新数据显示，2012 年 1—11 月，高技术产业增加值同比增长 11.8%，高出规模以上工业增加值平均增速 1.8%。这么多企业仅这点贡献，创新能力之弱可见一斑。

为了简化论述，我们可以初步把高技术产业的附加值看做是与创新活动正相关的，由此可以推断出，我国企业整体的创新能力并不强。为什么中国企业总体上呈现出创新乏力的现象呢？换言之，什么因素在制约着中国企业的创新热情？如果把这个问题的内在机制厘清了，或许对于我们建设创新型国家会有所助益。用美国经济学家阿兰·斯密德提出的“状态—结构—绩效”三元范式模型来解释，当下企业的状态表现不佳，要想真正改善企业的创新绩效，只有改变影响创新的社会基础条件结构，才是正确的选择。

根据笔者的研究，影响创新活动的社会基础条件是一个五元素模型，按照敏感程度高低的排序分别是：经济因素、制度因素、人力因素、文化因素与舆论因素。其中，经济因素与人力因素是可见资本部分，而其余的则是无形资本部分。在可见资本部分，经济因素对于创新活动的敏感程度最高。在无形资本部分，制度因素对于创新具有高度敏感性，制度、经济与人力三项要素被称作支持创新的硬性基础条件，余下两项为软性基础条件。基于这个模型，我们可以得出一个推论：即创新的实现是需要严格条件的，缺乏这些基础条件，企业创新充其量是纸上谈兵。对于基础条件的系统考察，历来是我们反思历史时被忽略的因素。回顾中国漫长的五千年的历史，重大原始创新并不多见，其原因也在于此。我们过去经常引以为荣并津津乐道的四大发明,如果放到5 000年的时间跨度内,就会发现中国创新产出的效率是严重低下的。基于这种考虑,我们认为支持企业创新的最低限度基础条件是:至少包含两项硬性基础条件以及一项软性基础条件,这可以初步解释为何中国历史上创新能力弱的深层原因。反观当下,这些问题仍然存在,在这五项指标中,我国企业所拥有的支持创新活动的最充分因素就是人力资源,其他四项指标都存在不同程度的缺陷。

仅就逐利动机而言,理论上,企业应该具有强烈的创新热情,然而现实表现却差强人意。问题出在哪里?目前我国的企业总量中有近90%是中小企业,它们拥有创新热情,但基本上不具备创新能力;相对于中小企业而言,大中型企业虽然拥有创新能力,但却缺乏创新动力,原因是它们凭借制度赋予的合法垄断地位就可以轻松谋得超额利润。新近公布的2012年世界500强企业,虽然中国有79家企业入围,但这些企业大多是处于垄断地位的资源型企业与建筑行业,而非高新技术产业。所以,我们的大中型企业的总体赢利能力并不高,用于创新的投入严重不足,这种状况直接影响了创新活动的展开。个别垄断企业虽然具有较高的盈利水平,但由于拥有不可动摇的制度性垄断保护,以及企业领导者的行政任命,导致这些企业厌恶创新风险,因而这些巨型企业无论是从内部机制到外部环境都缺少创新的动力。在世界 20 个主要国家的创新投入中,我国仅位列第 17 位(美国制造者协会,2010),但创新表现却位列第 8 位,这充分说明中国是低成本创新国家。即便在这有限的投入中,尚有不少水分,对于部分企业而言,虚报创新投入可以达到避税的目的。由此可见,创新投入的严重不足是制约我国企业创新活动的首要因素。另外,针对国有大中型企业领导的考评机制,也直接制约了企业领导者的创新热情。毕竟创新是一项充满高度不确定性的活动,完全有可能失败,一旦失败将直接影响自己的政绩与前途,与其这样,还不如直接引进。但是,由于发达国家对于先进技术的控制,在市场上只能引进二流技术,所以中国企业流行的怪圈就是:引进即落后,落后再引进。有学者指出,我国大中型企业在引进与消化吸收的投资比例也远低于发达国家,如日、韩等国这一比例为 1:(5—8),而我们仅为 1:0.15,由此可见情况之严重。下面结合我们提出的五元素结构模型,对于我国企业的创新潜力与可能性进行一些必要的梳理与分析。

支撑企业创新的社会基础条件分析

从宏观上看,我国企业进行创新活动理论上拥有三个具有优势的社会基础条件,分别是经济因素、人力资源因素以及混合了实用主义和功利主义的文化因素。按照我们的推论：企业要至少满足两项硬性的社会基础条件与一项软性的社会基础条件，创新行为就可以发展和扩散。然而目前的调查显示，中国企业的总体创新表现并不令人满意，到底哪个环节出了问题？下面就支持创新的社会基础条件状况进行逐项解析。

经济因素

我国目前的财政收入每年按照20%以上的速度增加，据统计，2012年的财政收入达到11.72万亿元（人民币），仅次于美国，位列世界第二。应该说政府有钱了，有能力支持企业创新行为。然而中国目前的创新资金来源渠道呈现严重的单一化趋势，所以，政府更应该加大投入，以此推动企业创新行为。但是由于目前还不是公共财政运作模式，预算分配的不透明，导致创新基金总是无法满足最基本的需求，即便这有限的资源的分配也是存在诸多问题。因此，财政收入的增加对于有效创新的实际支持力度，我们仅能报以有限的乐观。另外，一个成熟的市场经济国家，企业的创新基金应该来自金融市场融资，以及发达的风险投资基金，而这些目前都是我们的薄弱环节。从这个意义上说，适度放宽金融管制，加快风险投资市场的发展就是未来中国企业创新基金的主要来源渠道，否则这个问题很难解决。

制度因素

它对于企业创新活动的影响是多方面的，通常把制度的构成要素分为三种：规制性要素、规范性要素与文化—认知性要素。制度通过制定政策、划定范围以及税收等规制性要素从行动空间上制约了企业的自由发展。比如国内多个垄断行业，就是通过制度的保护，把市场以及资源强制性地划为某些企业的独享蛋糕，通过依靠制度性垄断利润维持其发展。这种制度安排严重违背了资源的最优配置原则，也极大地伤害了其他企业的创新热情。毕竟，一个制度的最大美德就是为整个社会提供公平的正义原则以及秩序，否则，制度性的不公平，在规制性层面就扼杀了企业创新的空间。比如中石化、中石油、中国电力、电信等行业就是当前制度安排的最大受益者。正如经济学家斯蒂芬·L.帕伦特指出：最大化产出不仅取决于给定的技术约束，而且取决于有关技术应用的政策约束。即使各国拥有相同的技术水平，但各国的总生产函数会因政策差异而不同。因此，在我们的理论框架中，政策会影响全要素生产率水平，主要通过对技术是否可用以及如何应用的问题强加或者引致约束而实现。由此不难发现，制度性因素对于创新活动的强烈制约作用。在中国很多省份，一些中小企业在这种制度的规制性约束下，不是从事创新活动，而是向权力部门（主要是科技主管等部门）寻租，如各种采取"套牌"行为的企业，以此获得制度性的优惠待遇。所谓套牌企业是指，由于政策对于高科技企业有一些制度性的优惠待遇（如减免税收等)，通过向权力部门寻租，以获得这种称号，借此享受政策的让利空间，一旦套牌行为的收益大于创新行为的收益，还有哪个中小企业乐意创新呢？毕竟创新是一项高投入、高风险的事业，一旦失败完全有可能破产，而寻租则不会。再者，国家对于垄断企业的保护，也遏制了垄断企业自发的创新动力。

人力因素

这是当下中国的最大优势条件(中国人才存量的结构性矛盾是：高端人才不足，低端人才过剩)。大型国有企业由于它所提供的职业稳定性，能够吸引到众多人才，然而，也是由于其特殊的垄断地位，企业在制度层面就存在创新动力不足的先天缺陷，导致大量人才无用武之地，闲置、荒废；而大量中小企业，由于自身发展存在的不确定性(大多是家族企业)，以及人才的职称评审、劳动保险、社会保障、职业稳定性等方面存在先天的不足，导致中小企业很难招到合适的人才，进而创新乏力。

文化因素

这是一个很大的话题，德国社会学家马克斯·韦伯曾有力地证明：请教文化与资本主义的兴起有直接关系。回到我们的现实，转型期中国文化的最大特点是实用主义与功利主义的杂合体，这种文化很世俗，但也很务实，有利于创新行为。然而国有大型企业几乎都生长在一个特定的权力主宰下的封闭空间内，它仍沿袭落后的权力意识文化，这就导致这种内部文化空间不利于创新。一些超级企业，几乎没有符合市场经济原则的先进的企业文化，传承的依旧是落伍的封建意识形态。这种局面的形成既有历史的原因，也有现实层面上的有意维护。国有大型企业大多依靠国家的垄断政策过活，几乎不需要什么企业文化，只要国家用政策保护着，就不担心市场的变化。而大量的中小企业，多是私营企业，它运行的企业文化多是家族文化，这种文化当然无法培养员工的创新精神，而更多的却是灌输人身依附以及顺从文化。从这个意义上说，企业文化的缺失已经是中国很多企业面临的普遍问题，甚至比经济因素还重要，毕竟文化不是用金钱就可以买来的。没有文化的企业注定是盲目的与投机的。

舆论因素

中国企业对于舆论的利用还处于初级阶段。信息作为一种资源对于企业发展的重要性已经成为当今的一种共识。企业作为一个系统，必须通过不断地与外部信息进行双向交流，以此保持系统的开放性。按照耗散结构理论的观点，信息的输入会降低企业的无序程度，从而推动企业进化。非常遗憾，中国的很多企业对于信息的认识还处于起步阶段，还谈不上有效利用舆论提供的信息，再加上有效信息的供给严重不足，舆论信息经常失真或者严重扭曲，从而使舆论对于企业获取创新所需要的真实市场信息的功能几乎消耗殆尽。另外,舆论也是外在世界对于企业创新的一种强大的外部推动力量与监督力量,它起到信息交流与沟通的作用(ICT),由于缺少这个环节,中国企业几乎都是在黑箱中操作。

综上,通过对中国企业在创新活动中遭遇到的各种基础条件状况的分析,可以清晰发现中国自主创新面临的诸多难题:改革开放三十多年,我们并没有建成一个适于企业创新的环境,一些有形因素取得了一定程度的进步,而那些隐藏在企业活动背后的无形因素,有的已经变得极度糟糕。客观地说,有形支撑条件的缺乏相对来说还好解决,而无形支撑条件的缺乏则是一个需要漫长的重构与建设的问题。

创新能力与社会基础条件的测评

中国是世界上少有的几个从上到下把自主创新确立为国家基本战略的国家,然而遗憾的是,中国的整体创新能力并不强,根据目前公布的一些研究报告可以初步作出这个判断。据美国制造者协会(NAM)2009 年 3 月发布的全球创新指数显示:在世界经济体系中的 20 个主要国家里,中国创新能力总得分为 0.73,排名第 13 位,其中分项指标的得分与排名分别是:创新投入 0.07,排名第 17 位;创新表现 1.32,排名第 8 位。为了方便比较,见下页表 1。[①]

这个创新指数排名很有趣,如果稍微细致分析起来,就会发现,创新投入与创新表现以及创新得分基本上属于正相关。把这样的初步结论用到对中国创新行为的分析上,就可以发现两个明显问题:即创新投入太低,而创新表现

① Innovation. http://en.wikipedia.org/wiki/Innovation(2012 年 5 月 30 查询)。

表1　全球创新指数比较

排名	国家	总得分	创新投入	创新表现
1	韩国	2.26	1.75	2.55
2	美国	1.80	1.28	2.16
3	日本	1.79	1.16	2.25
4	瑞典	1.64	1.25	1.88
5	荷兰	1.55	1.40	1.55
6	加拿大	1.42	1.39	1.32
7	英国	1.42	1.33	1.37
8	德国	1.12	1.05	1.09
9	法国	1.12	1.17	0.96
10	澳大利亚	1.02	0.89	1.05
13	中国	0.73	0.07	1.32
15	印度	0.06	0.14	−0.02

尚可。那么,由此引申出一个隐含的问题,影响创新的最基本条件都包括哪些?如果我们把这些影响创新的基础条件梳理出来,并作出一种结构性分析,那么这种指标体系就可以用来对中国的区域创新能力进行测评。

创新与硬性社会基础条件分析

由于创新是一项复杂的系统工程,因此,创新的实现是需要一些社会基础条件来支撑的。从这个意义上说,创新也是一种稀缺的行为。根据我们的研究,我们把支持创新的社会基础条件分为五大类:分别是制度性基础条件、经济性基础条件、人力资源基础条件、文化基础条件与舆论基础条件。前三项基础条件也被称作支撑创新的硬性基础条件,后两项被称作支撑创新的软性基础条件。硬性基础条件的最大特点就是对创新行为具有高度的敏感性,而软性基础条件相对来说则不敏感。只有这些基础条件达到一定程度,真正的创新行为才有可能发生,缺少这些基础条件的支撑,任何创新政策与计划都是不现实的。限于篇幅,下面从五项创新的社会基础条件中挑选两个重要的基础条件进行分析。

创新与制度基础条件的关系

在支持创新的三项硬性基础条件中,制度基础条件对于创新来说应该是最重要的,上述表格中所列举的那些创新指数比较高的国家,无一例外都是具有完善市场经济体制的民主国家,这个现象大体上支持了制度经济学家的一个经典结论:制度决定论。按照经济学家诺斯的说法:"创新、教育、基本积累等并不是经济增长的原因,它们乃是增长。制度才是决定长期经济绩效的基本因素。”①从中不难看出制度在经济增长与创新中的作用，那么制度基础条件是如何影响创新行为的呢？这里需要厘清的问题是与创新行为有关的制度都包括哪些呢？Weingast 认为：“有效的制度包括独立的司法体系、行政与立法分开以保持权力的相互制约与平衡、规范的行政程序以及透明的决策，因为这样的制度有利于产权的稳定及安全，也能阻止政府作出重大的或频繁的政策改变，从而保证政策的连续性，有利于稳定人们的预期。”②从这里可以约略感觉到创新行为得以实现是需要强大的制度支撑条件的。回到微观层面，我们可以知道一个好的制度应该是最大程度上降低交易成本，压缩寻租空间，有效地保护知识产权，提供公平的市场规则。只有这样的制度保证，创新行为才能让创新者因为创新成功而获得超额利润。当代的创新是一项高风险的事业，如果没有好的制度保证，创新行为将变得极为不经济，从而遏制了创新发生的概率。

制度条件之所以对创新有如此巨大的支撑作用，除了上面提到的经济刺激因素外，更为主要的是，由制度基础条

① 王泽填，孙辉煌. 经济增长中的制度因素研究［M］. 北京：中国经济出版社，2010：19。

② 王泽填，孙辉煌. 经济增长中的制度因素研究［M］. 北京：中国经济出版社，2010：21。

件对创新者行为的深层影响。按照美国经济学家理查德·斯科特的总结，制度是由三大要素构成的，即"规制性要素、规范性要素与文化—认知性要素构成，这三大要素构成了一个连续体，其一端是有意识的要素，另一端是无意识的要素。这些制度要素或制度层面，以相互独立或相互强化的方式，构成一个强有力的社会框架，这种框架既能容纳又能展现这些结构性力量，是一种具有弹性的框架。"[①]由此可知，有什么样的制度就有什么样的主体行为，而且这种制约是从有形的强制性约束到无形的文化—认知习惯。这种影响在创新行为中就呈现为美国政策专家阿兰·斯密德所谓"状态—结构—绩效"三元模型，其实质在于："为了构造制度分析框架，需要确定有关的因果变量和广泛范畴的自变量。进行影响分析，可供选择的制度是自变量，因变量是实际绩效。"与制度变量相互影响有关的一系列自变量中包含的制约人们相互依赖性的环境的那些方面定义为状态。[②] 由此可知，状态与绩效都是制度结构的产物。

通过上面的简单分析，我们大体可以知道，制度在哪

---

① W. 理查德·斯科特. 制度与组织——思想观念与物资利益［M］. 姚伟，王黎芳译. 北京：中国人民大学出版社，2010：59。

② 阿兰·斯密德. 制度与行为经济学【M】. 刘璨，吴水荣译. 北京：中国人民大学出版社，2004：12。

些方面以及是如何影响创新行为发生的内在机制。由此可以做出两个推论：其一，一个区域的制度的民主化程度与创新行为呈正相关性；其二，要想改变创新绩效，关键在于改造制度结构，它直接影响群体状态。如果我们把制度作为一种资源的话，那么制度改革的方向就是沿着交易成本最低的路径推进。在一个其他资源比较落后的地区，如果制度能够提供有力支持作用，那也将极大地激发潜在的创新行为。相反，一个在各方面基础条件都还不错的地区，由于制度比较落后，那么也很难形成具有稳定性的创新。对于中国而言，制度制约创新的另一个常见模式就是市场垄断，这种垄断完全是制度造成的结果。目前学界达成的共识是：企业是创新的主体。如果一个国家对于它的企业不一视同仁，人为设置种种限制，那么就会出现很荒谬的现象：国有垄断大企业凭借其垄断地位无意于创新，而中小企业有意创新，然而实力不足，无力创新。从而导致全社会在垄断背景下，出现制度性的全要素生产率（TFP）的降低。按照美国经济学家斯蒂芬·帕伦特的观点："垄断权力阻止经济发展的机制是从战略上入手的。当保护较弱时，行业中将会有新的进入者，因为阻止进入者的联合体的规模也不足以获得和吸引成员。当保护较强时，行业中不会有新的进入者。因此，在我们所考虑的垄断权力协议下，较差的生产技术的使用效率很低，而更好的生产技术也得不到采用。”①

作为支撑创新的第二项基础条件——经济基础条件来说，经济投入是支撑创新的非常重要的基础条件，我们称这种现象为创新的敏感性。从上表中，我们可以看到，我们在世界主要经济体中，创新投入的排名非常低，仅位列第17位，这个数据很直观，也很好地揭示出中国创新中存在的问题。令世人困惑的是，中国自2010年成为世界第二大经济体以来，怎么还会出现创新投入不足呢？其实，长期以来，这一直是中国的一个老大难问题。我国的科技、教育投入历来是处于世界的中下水平，与发达国家的差距一直很大，教育投入早在20年前的世界平均水平就是占GDP的4%，目前世界银行的平均比例已经接近6%，而我们呼吁了20年，直到2012年教育投入才占到GDP的4%，与世界平均水平的差距不言而喻。至于科技投入，一般是以R&D占GDP的比例来衡量，世界主要发达国家的R&D比例都在2.5%左右，我们即便按投入最高的2012年计算，也仅仅达到1.98%。下面这组数据来自2012年全国科技经费统计公报：“2012年，全国共投入研究与试验发展（R&D）经费10 298.4亿元，比上年增加1 611.4亿元，增长18.5%；研究

① 斯蒂芬·L.帕伦特、爱德华·C.普雷斯科特.通向富有的屏障[M].苏军译.北京：中国国人民大学出版社，2010：85。

与试验发展(R&D)经费投入强度(与国内生产总值之比)为1.98%,比上年的1.84%提高0.14个百分点。按研究与试验发展人员(全时工作量)计算的人均经费支出为31.7万元,比上年增加1.6万元。”其实这组数据还需要挖掘一下,即这些经费的来源构成,更能反映真实问题:根据统计公报显示,分执行部门看,各类企业经费支出为7 842.2亿元,比上年增长19.2%;政府属研究机构经费支出1 548.9亿元,增长18.5%;高等学校经费支出780.6亿元,增长13.3%。企业、政府属研究机构、高等学校经费支出所占比重分别为76.2%、15%和7.6%。从这组数据中可以反映出两个问题:其一,企业科技投入占当年R&D的最大比例,为76.2%,而且增速高达19.2%,按照这个数据中国企业创新活动应该是得到比较大的经济支持的,由于经济投入与创新之间的高度敏感性,中国企业的创新能力应该有比较好的表现才对,这与实际严重不符,问题出在哪里?考虑到中国企业的整体盈利能力并不强,如此高的研发投入比例不太现实,可以初步断定,这份数据是存在很大水分的。造成水分的原因主要有以下两点:首先,虚增科技投入可以利用政策合理避税。国家和各地方的产业政策中都有从事研发的投入可以在税前计提的相关规定。其次,用研发投入的名义可以巧妙消化企业过快增长的管理费等开支。基于上述理由,我们就可以知道,为什么我国创新投入不足的深层原因了。

最后,简单谈两句人力资源基础条件对于创新的影响。国家统计局的数据显示,我国目前拥有8 930万大专以上科技人才。即便按照2012年的全时工作量R&D人员计算,我国有320万人/年,这个数量已经超过美国。从这个意义上说,我国在创新的社会基础条件方面,只有人力资源基础条件这一项硬指标在世界上具有越来越大的优势。但是作为创新承担者的人力资源基础条件,中国人力资本的现状也是喜忧参半,按照学者魏立萍的观点:“人力资本作为资本的一种形式,具有资本的共性,即资本的成本属性、收益属性及稀缺性。”①这个界定很好地揭示了人力资本的特点,人力资本理论近三十年之所以受到世界范围内的热捧,究其原因在于,投资于人力资本的投资会取得边际收益递增的奇效,这是别的资本所不具有的特点。那么,我们想知道,在中国投资于人力资本的真实收益情况如何?这个问题决定了中国人力资本的储备与升级问题。换言之,如果在中国投资于人力资本会获得比较高的收益,那么公众会持续加大对人力资本的投入,从而带动中国人力资本结构的转型,即人才结构的自然升级,否则,人力资本会萎缩,结

① 魏立萍.异质型人力资本与经济增长理论及实证研究[M].北京:中国财政经济出版社,2005:15。

构会恶化。据学者萨卡洛普洛斯(George Psacharopoulos)的研究,世界主要地区的教育投入的回报率数据见下表①。

中国与世界主要地区教育投入回报率比较

项目	社会收益率			私人收益率		
地区	初等	中等	高等	初等	中等	高等
亚洲	16.2	11.1	11.0	20.0	15.8	18.2
欧洲/中东/北非	15.6	9.7	9.9	13.8	13.6	18.8
拉丁美洲	17.4	12.9	12.3	26.6	17	19.5
经合组织	8.5	9.4	8.5	13.4	11.3	11.6
次撒哈拉地区	25.4	18.4	11.3	37.6	24.6	27.8
世界	18.8	13.1	10.8	26.6	17	19
中国(1993)	14.4	12.9	11.3	18.0	13.4	15.1

从这组数据中,可以看出,中国的教育投资回报率远低于世界平均水平,尤其是私人收益率指标远远低于世界平均水平,而社会收益率与国际平均水平差距不大。这说明,在中国教育投入大多由个体承担,而收益的溢出部分却被国家享用,从而导致投资教育的回报比较低。这是很糟糕的事情,由此也反映出一个问题:国家应该坚定不移地加大教育的投入,最大限度上减轻个人承担的教育成本,这样

① George Psacharopoulos & Harry Anthony Patrinos. Returns to investment in education: A further update[J]. Education Economics, Vol. 12, No. 2, August. 2004。

才会形成比较高的教育投入回报率,在这个基础上,人力资源结构才会顺利转型与升级。

总之,中国人类资本目前存在的问题主要表现在:首先,人力资源存量的结构不合理,高层次创新人才不足,而中低级人才又呈现出过剩局面。同样是国家统计局的数据显示,2012 年我国研究生在校人数为 172 万人,当年毕业研究生数为 48.6 万人,这个数量与我国庞大的各类企业相比,高层人才处于严重短缺状态。其次,我国的人类资本投资回报率比较低,这在一定程度上制约了中国人力资源的资本积累深度。

创新与软性社会基础条件分析

谈到创新的社会基础条件的时候,人们往往热衷于上述三个硬性基础条件的分析。其实这是一种认知误区,创新能够得以实现,还需要强大的软性基础条件的支撑,只要看看世界上的主要创新国家,不难明白这个道理。关于创新的软性基础条件中,人们对于文化的支撑作用谈的很多了,这里也就不再赘言。在关于创新问题的讨论中,很少有人关注到舆论的作用,因此,我们要探讨一下舆论对于创新的支撑作用。企业作为市场中的创新主体,分析企业与舆论的关系,对于我们理解企业的创新活动具有现实的启发意义。为了厘清两者之间的复杂关系，首先，需要解决什么是舆论的问题。所谓舆论（Public opinion）是指：在一定社会范围内，消除个人意见的差异，反映社会知觉和集合意识的、多数人的共同意见。在舆论的定义中，最关键的问题是，舆论的本体是"意见"还是"态度"。一般来说，态度是一种倾向性行为，而意见则是一种具体反应。我们倾向于认为舆论的本体是一种意见，之所以这样界定，是因为舆论概念的提出是相对晚近的事情。根据维基百科提供的信息，可以知道，舆论概念之所以获得生命力是由于18世纪公共概念的兴起的原因。英语中舆论概念的出现要回溯到18世纪来自法文的相应词汇，它最初出现于1588年蒙田的作品中。究其原因，舆论的出现与城市化过程以及相关的政治与社会压力有直接关系。从这里我们可以看出，舆论产生与有效运行需要两个条件：成熟的公共领域的存在，明确表达一种倾向与信念的载体。在市场经济社会中，舆论作为一种自发的信号表达机制，它表征了社会中群体的真实心理偏好，而这种心理偏好直接影响了市场的供求机制的选择，从这个意义上说，舆论与个体、企业的发展都具有一种直接的相关性。

基于上述分析可以看出，舆论是多数人意见的一种积极反应。由于舆论反映了不同的群体的不同意见，它的内容多种多样，比较庞杂，但是通过舆论可以真正发现社会在某一时点的需求与真实的社会心理偏好。按照经济学家科斯的说法,企业是作为一种降低交易成本而存在的组织形式。美国社会学家帕森斯认为,组织可以分为三个层次:技术性组织,主要关注生产性活动;管理性组织,主要强调控制与协调;制度性组织,关注组织与社群的关系。从组织的这种三分法中,可以清晰地看到,舆论能够为不同层次的组织提供相应的不同信息。由此可以推断出,在企业从事创新活动时,舆论与组织的三种功能是直接契合的。世界上一些成功的创新型企业都很好地利用了舆论的这种功能,从而使企业的生产、管理以及与社区的互动都处于一种良性的相互促进的状态。

要使舆论与企业的创新活动发生正向的相互作用,除了对于企业的组织层次有一定要求外,对于舆论本身的表达与传播机制也是有一定要求的。舆论得以表达需要两个条件。其一,开放的公共领域,它保证了舆论存在的土壤,如果没有成熟的公共领域,舆论就会以谣言或者小道消息的形式存在,这种情况增加了企业对于真实信息的甄别成本,从而降低了舆论对于企业创新活动的刺激作用。其二,舆论工具的多样化。通常来说舆论表达的载体主要有报刊、杂志、电子网络、电视、广播等固定媒体形式,还有一些不固定的媒体,如论坛、抗议、投诉等。舆论表达载体的多样化,增加了企业获得真实信息的可能性,同时降低了企业收集信息的成本，而且多种舆论载体也强化了舆论被企业关注的程度。通常来讲，舆论对于企业的作用多是以否定性的方式出现的，如批评、监督与诉求等形式出现，这些表现形式能够为企业对其产品提供真实的需要改进的信息，同时也暗示了公众对于企业的希望，如果能合理利用，这些舆论都能促进企业创新活动。

据工商部门统计，我国有大中小企业接近千万家，为什么没有体现出对于舆论的高度敏感性呢？在笔者看来，造成我国企业忽视舆论在创新中作用的原因主要有以下几点：从理论上说，大中型企业有能力维持创新活动与舆论之间的联系，从而达到对于市场需求信息的真实理解与把握，但是国有大型企业，大多具有制度性的垄断地位，它通过制度性保护，本身就缺乏创新的热情，其所具有的垄断地位，导致它根本就无视舆论的监督与反馈，由于垄断造成的市场需求缺乏弹性，即便不进行创新仍能获得垄断利润，因此，舆论被人为屏蔽或者忽略；广大中小企业渴望了解舆论信息，以便准确把握市场状况，可惜中小企业的组织架构以及人力资源的限制，又无力开发利用舆论信息，导致舆论在中国的语境下，被大多企业悬置起来，只能被动应付，而无法积极开发舆论对于企业创新活动的积极激励作用。

对于舆论本身来说，由于我们目前还没有形成成熟的公共领域，导致舆论的表达一直处于不畅状态，这种情况也直接影响了企业对于相关舆论的及时把握，从而影响了相应的改进与创新活动。比如产品质量、企业的环境污染状况等与企业有关的舆论经常被限制传播，只能处于一种谣言与小道消息的状态，直接抑制了舆论对于企业的监督与改进的作用，导致企业与公众处于一种隔离状态，使原本可以双赢的形式转化成一种严重的对立，不但无益于创新，反而增加了企业运营的社会成本。再加上长期意识形态的限制，导致舆论被肆意选择与过滤，丧失了表达真实信息的功能，无法准确反映市场的信号，直接影响了企业捕捉真实市场信息的热情，从而使舆论丧失了对于企业创新活动的鞭策作用，这点在我国当前的表现尤其严重。一旦舆论发生裂变与扩散，为了平息公众的意见与不满，国家会调整相应的政策，而政策作为一种制度供给产品，反过来将直接影响企业的发展路向。

各种舆论载体本应该真实反映公众对于企业与产品的真实意见，而企业通过对这些信息的积极回应，则可以更好地完善管理与创新。当舆论普遍失真，不能表达真实市场信号时，企业借机放弃舆论也就是一种退化市场的必然选择。

结　　语

综上所述，通过对影响创新的五个维度的社会基础条件的分析，我们可以对一个地区的创新能力进行初步测评。作为一种经验总结，我们可以把五项社会基础条件分别赋予不同的权重，制度条件设置为0.3，经济基础条件为0.25，人力资源基础条件为0.25，文化基础条件为0.1，舆论基础条件为0.1。要想使创新具有现实可操作性，硬性基础条件至少要满足两项，外加一项软性基础条件，并且，社会基础条件综合得分超过70%，才有可能实现创新。由此可见，创新是一项要求条件比较苛刻的活动，这也间接说明了为何我国的创新能力比较弱的内在原因。也许更为有意义的事情是，由于各地条件的千差万别，可以依据这个模型，强化自己的优势条件，或者改善弱势条件，这些举措都是提高创新能力的工作方向。

制度、创新与产业转移的实现

1912年美籍经济学家熊彼特(J. A. Joseph Alois Schumpeter,1883—1950)提出创新概念。直到今天,我们却一直没有寻找到能有效激励创新的制度安排,导致只能过分依赖于粗放型的资源要素投入来拉动经济的发展,这种发展模式是不可持续的,造成此种境况的原因何在?

制度成本与创新活动

根据制度经济学近年来的一些研究成果,我们知道大规模创新行为的发生,是需要一些社会基础条件来支撑的,而其中最为重要的就是制度资源的质量。目前学界就此已经达成的共识是,有效的制度安排可以最大限度地降低交易成本,有利于鼓励人们进行创新活动,从而帮助创新主体获得超额的利润(超过平均收益率的利润)。在市场经济模式下,制度越有效,交易成本越低,社会分工就越到位,从而更易于创新活动的发生。因为涉及创新的诸多要素都能实现高度专业化，进而相当于社会的全要素生产率（TFP）的水平整体提升，这种变化有利于创新活动快速完成从点到面的扩散效应。相反，如果制度变革跟不上，就会给整个社会带来极高的交易成本，从而压缩了各行各业的利润空间，这就抑制了创新行为的发生，导致创新空间变小，毕竟创新是一项高风险的事业，它必须在高回报等有利条件支撑下才会发生。而糟糕的制度设置，就会遏制个体的创造力，社会分工很难精细化与高效率化，社会组织成员共同形成创新合力的成本就较高，社会整体创新能力就下降。另外有缺陷的制度设置，会导致人、财、物的流动阻力较大，使创新诸环节流通成本增高。当这些不利条件累积起来，创新就变得越发艰难，甚至有可能变成极端不经济的行为。

按照经合组织（OECD）最新出版的关于创新测量的《奥斯陆手册》的定义：创新分为两类：技术性创新与非技术性创新，在当下非技术性创新的作用越来越大，这里包括市场创新、组织创新等。而这类非技术性创新的实现更是与制度安排密切相关。客观地说，两类创新在中国都很缺乏，第二类创新与发达国家的差距更大。那么，什么样的制度安排才是有利于催生创新活动的呢？首先，按照政治学的研究结果，大政府主导的制度往往是低效的，因为它遏制了自由市场的发展，导致资源配置时遵循的不是市场规律，而是依照行政命令行事,这样的制度预留了N多的设租与寻租空间,导致社会的交易成本快速提高,一旦交易成本大于或等于正常要素收益的时候,社会总收益就会停止增长。其次,从发明学的视角来看,创新思维本身是发散性思维。大政府主导的制度,一方面,其“正式”制度蕴含的是一种线性管制思维,不利于创新环境的形成;另一方面,其“非正式”制度往往也是保守的,这也不利于创新思想的扎根与传播。一言以蔽之,大政府主导的制度在有形和无形之中会增大创新活动在制度层面的资源损耗。因此,为了降低创新活动中的制度成本,一个好的制度安排应该是:大市场,小政府。利用市场调节资源配置,最大程度上压缩寻租空间,降低社会的交易成本,从而有力地推动创新行为的发生。

政府不能什么都管,好的政府应该是游戏规则的制定者,而不是游戏的参与者,政府的职责就是扮好市场守夜人的角色。这个角色得到的回报就是让整个社会充满创新活力、人们充分就业、经济运行良好,同时,这种制度具有极强的抗风险能力。

制度成本与产业转移

当下,与制度、创新直接相关的另一个话题就是产业转移,目前国内很多地区都很热衷于对产业转移问题进行探讨。其实,这个思路不错,但是对于产业转移的理解尚有很多误区。产业转移之所以能够发生,其根本原因是两地之间存在明显的技术梯度以及由此带来的收益差距。关于这一点,学界与业界并没有太多分歧。但是,现实中我们经常能够看到,即便两地之间存在明显的技术梯度,产业转移也没能发生,产业转移理论究竟在哪个环节上出现了问题?这是一个值得深入挖掘的理论问题。由此我们应该对产业转移理论进行分解与细化,由此会发现:技术梯度差的存在只是形成产业转移的必要条件而不是充分条件。那么,形成有效的产业转移还需要什么其他条件呢?

根据我们的研究,创新与产业转移的实现是需要一些社会基础条件来支撑的,如果缺少这些社会基础条件,那么创新与产业转移充其量只能具有理论上的可能性,而不具有现实的可操作性。我们可以把社会基础条件分为五类:制度基础条件、经济基础条件、人力资源基础条件、文化基础条件与舆论基础条件,前三项社会基础条件被称为创新与产业转移的硬性基础条件,而后两项则被称为软性基础条件。为了简化起见,先抛开后四项基础条件不谈,专门研究一下产业转移与制度基础条件之间的关系。

从理论上说,实现产业转移的内在机制关键有两条:

首先,两地之间存在技术梯度,用公式表示就是: $\Delta T = T_2 - T_1 > 0$,其中T代表技术程度(水平);其次,技术梯度带来的收益减去产业转移成本,其最终收益应该是大于零,用公式表示就是: $\Delta P = K * \Delta T - C > 0$,其中P代表收益,K代表技术的平均收益率,C代表产业转移发生的成本。根据上述的两个简单公式,我们可以初步得出如下两个推论:

其一,技术梯度差存在一个强的最低极限 α 与弱的最高极限 β,一旦两地之间的技术梯度差小于某个最低极限 α,那么由这个梯度差带来的收益将不足以补偿产业转移的成本,那么产业转移就不可能发生。如果技术梯度差大于某个极限 β,那么产业根本不需要转移,其在该地区就可以获得比较理想的收益,甚至远远大于产业转移后所产生的最大收益。这也就是我们经常遇到的老问题:为什么中西部落后地区没有能够有效地实现吸引东部沿海发达地区的产业向西部转移的根本原因,所以产业转移的技术梯度差 ΔT 应该在 α 与 β 之间。

其二,制约产业转移的另一个关键要素就是产业转移的成本问题。构成产业转移中的成本要素很多,但是最关键的是制度成本。因为,中西部地区的人力成本往往低于发达地区,而制度成本则往往高于发达地区。由此可知,在制度成本高的地区,要实现产业转移必须要具备非常高的技术梯度差,否则转移的产业在市场中无法生存;而在制度成本低的地方，产业转移所需要的技术梯度差就比较小，这也间接证明，技术扩散总是沿着阻力与成本最小的轨迹运行的道理。

那么在产业转移中的制度成本都包括哪些呢？它们又是如何发挥作用的呢？为了简化问题起见，这里主要谈谈由制度带来的交易成本问题。按照制度经济学家威廉姆森的定义，可以把交易成本分为两部分：一是事前的交易成本，包括草拟合同、就合同内容进行谈判以及确保合同得以履行所付出的成本；二是签订契约后，为解决契约本身所存在的问题，从改变条款到退出契约所花费的成本。从中不难发现，在落后地区，由于制度的落后，导致上述交易成本非常巨大，也是不确定的。比如常见的行政部门对于企业的盘剥以及各种乱收费现象，都在快速消耗掉技术梯度差带来的收益，一旦遇到更为糟糕的法律纠纷问题，由于制度设置的落后，转移过来的企业更是无法应对。正是由于这些因素，加剧了产业转移的难度，这也就是中西部地区普遍面临的产业转移困境。

关于制度与创新、产业转移的关系，有非常多的问题需要厘清。美国经济学家阿兰·斯密德曾提出的状态—结构—绩效范式，其实，这里的关键问题是结构，而社会结构是由制度塑造的，因此，自然会得出一个结论：一个由交易成本低的制度塑造的社会结构，会带来整个社会的状态的改善与绩效的提高。创新与产业转移可以看做是一种特殊的产业状态与绩效。由此,我们也可以得出一个推论:降低制度带来的交易成本是增强企业创新活力以及助推产业转移得以实现的首选之路。

知识溢出年代的创新：点与面的博弈

据《辽沈晚报》报道,2012 年 10 月 16 日辽宁省政府披露,如果某单位引进或培养出一名院士,辽宁省将对该单位奖励 1 亿元。辽宁省科技厅政策处相关负责人表示,此前引进一名院士的奖励是 2 000 万元,1 亿元的力度在全国也比较少见。这则新闻很有趣,坊间议论纷纷。不论是作秀也好,还是求贤若渴也罢,把钱用于人才队伍建设,总是一种进步的表现,相比于三公消费而言,此举对社会具有更多的积极意义,这是值得充分肯定的。但是,这个问题还有值得进一步思考的地方,这种举措对于当地的科技发展以及科技创新水平的提升到底有多大作用？换言之,这种举措的效率是否处于最优化状态？这样思考下来,问题就变得不那么明晰了。本文尝试分析如下两个问题：其一,引进人才的目的到底为何;其二,知识溢出与创新的关系。

引进人才到底引进什么

引进人才的实质在于增加本地的知识存量,以此带动当地产业与创新的发展。现代的研究已经证明,当代的创新都是基于科学知识的创新,而非19世纪中叶至20世纪中叶所习惯的依赖于经验与实践的创新模式,这是创新机制的一个质的变化。越来越多的案例已经可以充分证明这种趋势,这就是美国硅谷不可复制的内在原因。由此,我们可以合理地给出一个推论:没有一定的知识储备,创新根本不可能实现,而且创新的发生率与知识存量呈正相关的关系。各地区之所以引进人才,所看重的就是人才本身所携带的知识,这才是人才引进的目的所在。基于这种共识,在实际的操作中我们就面临两个棘手的问题:首先,如何准确衡量人才所拥有的知识存量的多少;其次,用有限的资源投入获得最大量的知识。这就涉及人才个体所拥有的资本存量问题。按照当代社会学家的观点来看,人才所拥有的资本存量是由两部分构成的,即社会资本(社会关系、声誉等)与个体资本(学术资本),而个体所拥有的资本存量中真正与创新有关的资本是学术资本,只有学术资本才代表人才所拥有的知识存量。对于学术资本的购买需要注意的一点就是,它的贬值问题,这是知识新陈代谢的自然结果。基于上述分析,我们可以初步得出一个结论:一个真正有效的人才引进计划应该是把资源最大限度用于购买人才所拥有的学术资本,而非社会资本,因为社会资本与创新行为本身并不直接相关。如果某项政策安排主导下的资源主要被用于购买人才所拥有的社会资本而非学术资本,那么这种人才政策是低效的,因为它变相地等于为人才的过去成就重复买单,在市场经济社会中,这种策略是极度不经济的。相反,这种策略在政治市场中却是高效的,因为它有助于实现政绩工程。

从这个意义上说,作为科技资源并不是很丰富的老工业基地辽宁省来说,暂且不论这种做法是否可持续,仅从效率角度来说,这就是很不经济的行为,这种做法对于当地的产业发展与创新来说实际意义并不大,充其量只具有一种象征意义,它所收获的主要是一种社会资本。在当下扭曲的科技评价体制以及资源分配模式下,或许有些短期收益,但是对于真正提高当地的知识存量与创新能力来说,却不是最佳选择。一旦未来科技评价体系改革,这种弊端马上会显现出来。换一种思路,如果我们假设按照时下的人才市场行情,1 亿元可以引进 200 名优秀博士/博士后,甚至更多。那么,我们就必须回答一个很现实的问题:200 名博士/博士后的总体知识存量是否比一个院士的知识存量多?从长远来看,哪一种选择更有利于辽宁省未来的产业发展与创新行为的发生呢？答案显然不是院士。如果我们仔细思考一下美国的人才政策就不难发现其中的道理，美国每年以非常低廉的价格从全世界各地招聘博士后，而不是像我们国家这样花高昂的代价引进功成名就的所谓大牌人物，为什么会有这种区别呢？从细节处就可以发现美国模式是最符合市场经济的选择，因为博士（后）阶段恰恰是一个人在知识生产环节中处于边际产出递增阶段，而此时当事人只有很少的社会资本，投资于人力资源的投入基本上是用于购买纯粹学术资本。而我们的人才引进政策却是典型的冤大头模式：热衷于成名人物，他们的知识生产处于边际产出递减阶段，而且附带有过多的具有装饰作用的社会资本。相当于我们变相地为那些功成名就者的过去业绩重复买单，而且更重要的是从知识的新陈代谢角度来说，两种不同模式下选择的人才：一个代表未来，另一个代表过去。而创新与产业发展是与未来有关的事业。

知识溢出与创新的关系

美国经济学家保罗·萨缪尔森指出：经济增长的发动机必定安装在相同的四个轮子上，无论是穷国还是富国。这四个轮子，或者说经济增长的要素是：人力资源、自然资源、资本与技术。在工业化时代，促成经济增长的主要要素大多是基于资源的自然禀赋。在知识经济时代,促成经济增长的要素已经转向知识要素,而最能体现知识作用的要素就是技术与具有专门技能的人力资源。从这个角度来说,各个地区大力引进人才是符合时代发展要求的,现在的问题是在方向正确的背景下,如何保证引进的效率而不是流于形式主义的作秀,恰恰是需要考虑的问题。一个地区之所以舍得投入巨大资本引进人才,其最终目的无非是想通过投资人力资本带动当地经济与社会的发展。人才之所以能带来这个结果,原因即在于人才本身所拥有的知识资本是一种重要的生产要素,它潜在地具有带来边际收益递增的后果。这种知识资本的收益是通过人才所拥有的知识的溢出效应实现的。

对于一个具体地区来说,要充分利用知识溢出效应需要两个条件:首先,造就知识高势能区,有效形成知识溢出的点/面势能区;其次,对于溢出知识的点/面吸收能力。目前各地政府在引进人才过程中,仅注意到了知识的高势能点的营造,而忽视了势能面的培养,这就出现了不顾本地实际情况盲目攀比的求高、求大心理。所以,我们看到了各地区以不惜千金买马骨的姿态,急迫地追求院士、海外千人计划等高端人才,场面看起来很热闹,真实效果乏善可陈,其缘由也在于此。这也就是我们当前习以为常的“点”的竞争,而真正能够推动当地创新与产业发展的环境却是“面”

的竞争。这是依据水桶的“短板理论”得出的自然结果。道理很简单，我们可以设想一下：引进一个顶尖人才，他个人能溢出的知识有多少？如果当地的整体知识水平偏低，那么，即便这点溢出的知识也是无法被有效吸收的，这就导致知识的溢出效应大打折扣。从这里不难看出，仅仅有知识的高势能点还是不够的，还需要有一个比较合理的知识吸收平台，否则，知识的溢出效应是无法实现的。这种情况充分说明了引进人才需要结合本地的实际情况，否则一个好的政策目的，就有可能沦落为一种没有实际意义的作秀。

知识溢出的一个最大特点就是具有地理局限性，即空间距离越近，知识的扩散与溢出效应越强；反之，距离越远，知识扩散与溢出效应越弱。这主要是由于知识是由两部分构成的，即编码知识与非编码知识（能力知识，即波兰尼所谓默会知识）。在当代的信息交流条件下，编码知识的传播已经克服了距离障碍，而非编码知识的传播还是需要近距离的面对面的交流与传播才能实现知识的转移。从这个意义上说，引进200名博士/博士后远比引进一名院士更有利于知识的扩散与溢出效应发挥作用，这种模式相当于缩小了知识扩散与溢出的距离，并有效地提高了当地知识接收能力平台的整体势能面，这是比高势能点更有效地利用知识扩散与溢出效应特点的路径。也许更为重要的是，知识溢出通常发生在区域内与区域间。对于区域内的知识溢出而言,高势能点的作用远不如中等势能面的作用,这是由于接收能力决定的;对于远距离的区域间知识溢出效应来说,中等势能面的作用更是高势能点所不具备的。换句话说,200 名博士/博士后远比一名院士与社会有更广泛的联系。当一个地区有了比较好的基准知识势能面,那么,这种宽广的知识储备也有利于各种产业的集聚与创新行为的发生。另外相对于知识的普遍性和专用性,越是专业的知识所需要的交易费用越是昂贵,引进一个更为高端的人才,相对于本地并不太发达的经济与社会条件而言,中等势能面上更多专业、领域的普通高端人才更能为当地的经济发展、科技创新提供实际的支撑。我们前期的研究已经证明,有利于形成创新的硬性社会基础条件有三种:制度要素、经济要素与人力资源要素,对于任何地区来说,把这三项要素解决好了,都有利于产业与创新行为的发展,而人力资源要素发挥作用的首要条件是提高人员的整体知识水平,否则,一个产业在当地想找一批合适的专业人才都找不到,这种境况让企业如何降低成本,维持正常生产,创新行为又怎么可能发生呢?人力资源战略由点到面的转变,恰恰是知识溢出效应与接收能力所硬性约束的。只有基于此,知识扩散与溢出效应才能转化为真实的推动经济与社会发展的力量。打一个不太恰当的比喻:把乔布斯和比尔·盖茨这类天才空投到非洲,即便他们才华横溢,也无法成就苹果与微软在当地的宏伟业绩，其原因就在于当地的整体知识势能面的水准太低，无法吸收与支撑乔布斯和比尔·盖茨所提供的知识溢出与宏伟事业。

辽宁作为我国的老工业基地，正处于经济转型时期，它原本具有比较好的知识基准面，在老工业基地改造的进程中，在有限资源投入的约束下，本可以利用最小的成本快速大幅提高辽宁省的知识储备势能面，使辽宁省成为中国东北地区产业集聚、创新与知识溢出与接收的中心节点，为未来的振兴准备条件。对于区域发展来说，田忌赛马的策略不失为一种性价比很划算的策略，把有限的资源用于研发与基础科研环境建设，这是为未来投资，否则，盲目攀比不但是一种很不理性的行为，而且很容易拖垮本省脆弱的经济基础（上个世纪超级大国之间的军备竞赛的案例就是同类道理）。试想，如果全国各省都开始参与抢院士的游戏，辽宁省仅从自身经济角度而言，能比过东部沿海经济发达省份吗？显然毫无胜算。所以，最适合自己的策略才是最好的策略。

科技体制改革的出口：从功能到结构

2013年中国科学院率先出台了科技体制改革的路线图与目标,确立了以“出成果、出人才、出思想”为目标的三位一体的改革战略。这种尝试具有重要的示范意义,甚至可以说是中国搁浅多时的科技体制改革重新踏上破冰之旅,对于当下的中国科技事业来说具有路标性作用。战略目标的确立,以规范的方式给科技共同体的行动选择带来了明确的指向。中国科学院作为中国科技活动中的国家队与火车头,其改革出口的选择对整个中国科技体制未来改革模式的选择具有示范作用。提出明确目标固然意义重大,但如何实现这些目标却是意义更为深远的任务,否则,一切又将沦落为纸上谈兵的游戏。基于这种理解,本文主要阐释一个破题思路:即从功能模式改革向结构模式改革的转型,或许这是当下中国科技体制改革呼声最高,社会阻力最小,收益最大的可选路径。

结构主义视角下的科技体制改革

众所周知,当下中国科技事业主要是由来自三种不同领域的力量承载的,分别是高校系统、以中国科学院为代表的政府科学系统,再有就是来自企业界的科技力量。这三种科技主体在中国科技事业中功能各有侧重。比如高校系统在培育人才方面具有传统优势,企业在技术创新领域具有无可替代的地位,而中国科学院在基础研究方面具有长期的显著优势。这是一种历史发生学意义上的静态分析,随着全球化进程的加快,以及市场开放度的逐渐提高,中国科技界的力量在整合中也出现了快速分化的趋势:中国科学院作为中国科学事业的领导者和火车头的地位开始被其他两种科技力量逐渐分担,而且随着改革开放的深入,其态势已由隐到显日益呈现出分庭抗礼之势。如何使中国科学院这辆内燃机车快速向电力机车升级已经成为无法绕过的问题。换言之,如何在这种时代带来的巨大机遇与挑战面前重塑中国科学院的形象以及在未来中国科技版图中的地位就是目前亟须解决的问题。当下科技体制改革的一个习惯性思路就是热衷于功能细化,这可以看做是功利主义理念在当代政策制定中的一种惯性表达。强调功能没有错,问题是在体制结构不改革的情况下,功能的扩大与细化只具有观赏作用,而不具有实际的激励功能。因此,当下科技体制改革的关键之处在于体制结构的改革,其次才是功能的改革,毕竟特定的功能是特定结构的产物。

美国经济学家阿兰·斯密德曾提出一个制度经济模型很符合这里的本意,他认为:状态—结构—绩效范式在制度变迁中具有通用性。其实,这个范式的核心在于对制度结构的变革,由此带来体制的状态与绩效的改变。同理,我们可以自然引申:如果体制结构不改变,那么所有状态与绩效的变革都是不具有可持续性的,也是不确定的。对于中国科技体制来说,改革的出口也应该是制度改革,由此带来行动与绩效的实质性变化,这就是本文要提出的三元结构模型:行动—结构—绩效(ASP 范式)。结构改革是体制改革的核心所在,体制作为制度的物质载体,它的改革也就是制度改革。制度改革千头万绪,其实质在于降低制度本身给行动带来的交易成本,从而提升了体制内的福祉与效率。从这个意义上说,体制改革涉及两个层面:有形层面,降低科技活动的交易成本;无形层面,传播新的文化观念与价值。以往的科技体制改革之所以无法扎下根来,其实质在于改革没有深入到文化层面,仍然徘徊在表层的绩效模式下,一旦制度提供的激励机制变得不敏感或弱化,体制的绩效随之下降或消失。为了遏制这种绩效的停滞或下降趋势,只好被迫加大刺激力度,以此保卫绩效。由于任何特定时期资源存量的硬性约束,导致这种改革模式到后来无以为继。目前中国科技界兴起的重大项目热就是这种症候的典型表现:希望通过加大刺激力度带来科研绩效的提升,实践证明效果并不理想,而且带来诸多社会问题。这就再次证明:物质激励与精神激励恰恰是两种不能偏废的改革手段,一个没有关涉到共同体精神生活的改革注定是有缺陷的,个体始终既是制度的原因,又是制度的结果。

制度改革之所以重要,是由制度的构成要素决定的。按照美国社会学家W.斯科特的说法:任何制度都是由规制性要素、规范性要素与文化—认知性要素构成,前者是有意识的,后者则是无意识的。如果一项制度中规制性要素比例过大,那么这项制度的运行大多依靠强制性政策工具来完成,这就导致制度的运行成本加大,同时,在此制度下共同体的活动空间也被压缩。相反,如果一项制度后两项构成要素比重较大,那么这种制度的运行成本就比较低,科研环境相比于前者要和谐很多,同时留给共同体的活动空间也会比较大。之所以会出现这种情况,其原因有两个:其一,信息的不完全导致的,即任何政策制定者都无法事先获得所有未来活动的信息,从而导致制度僵化;其二,个体的有限理性的先天约束,导致群体活动具有不确定性。所以,衡量一项制度改革成败的关键就是,看哪种改革模式能最大程度上降低社会的交易成本以及新的文化与价值观。

在全球化背景下,科技活动的收益是均等的,那么决定制度优劣的标准就演变为哪种制度改革模式带来的交易成本最低。据此,我们自然会得出哪种制度改革将在未来的竞争中获得优势地位。在一定意义上说,制度改革有时不是看增加了多少新内容,而是看减少了多少带来阻力的旧内容。

中国科学院科技体制改革的结构性目标

毋庸讳言,随着中国整体民主化进程的加快,目前的科技体制所型塑的国家、社会与科技的松散结构关系将不再能够满足整个社会对科技的需要,科技界将被迫做出适应社会的改造。否则,自身存在的合法性将受到来自社会的质疑,代表们将用投票的方式对预算进行控制,从而表达对科技事业的态度。据笔者的预测,这种局面离我们不会太远了。这就要求中国科技界在民主洪流到来之前率先进行改革,以此在未来占据发展的先机。另外,科技界未来版图的划分还在于谁做出了最大的科技贡献以及提供了满足时代需求的思想产品,随之,拥有这些成就的科技主体也就拥有了科技政策制定的话语权。关于政策制定决策权的意义是一个自明的问题,这里无需赘述。所谓"地方性行动,全球化思考",其深意也在于此。

基于上述分析,中国科学院在制定未来科技发展战略时必须考虑如下两个问题：其一，竞争对手的状况；其二，结构性功能目标的设定必须具有可操作性。如果我们上面提到的中国科技界目前三足鼎立状态没有多少疑义的话，那么，我们需要了解另外两足的真实状态，从而找出有针对性的超越路径。中国高校最近10年内发展迅速，除了传统的培育人才的优势领域外，在基础研究与应用研究方面也取得了长足进步，甚至在某些方面已经对中国科学院的传统优势领域构成了挑战，加上高校系统体量庞大，就是依靠自身的自然力量发展也是不可小觑的竞争对手，这是无可否认的事实。但是，目前高校系统存在的致命缺陷主要表现有二：其一，由于国家统得过死，全国高校高度趋同，千人一面，所有的大学之间没有质的差别，只有量的差异，这不利于形成真正的多元化竞争氛围与创新动力；其二，当下大学内部奉行功利主义理念以及过度行政化，这种局面必然导致高校在精神层面上缺乏形而上的理想与追求，徘徊于平庸的陷阱无力自拔，从而无法激发群体长远的创新活力，这种局面的直接后果就是无法产生大师级人物。相反，中国科学院由于自身的独特地位，保有相对独立的生存空间，以及在培育人才方面体量比较小的优势，完全可以走在高校的前面，率先实行实质性改革，而且改革起来阻力会小很多，从而有可能克服目前充斥高校的各种自身无法治愈的顽症。

对于企业科技力量而言，由于目前国内市场发育还很不成熟，垄断盛行，导致企业创新意愿与能力普遍不强，中国科学院凭借自身优势完全可以在应用研究方向乘势而入，在创新低位态势下率先占领市场，如果一旦失去时机，很难再进入。

最后再简单聊一聊中国科学院改革的结构性功能目标的定位问题。白春礼院长提出的“出成果、出人才、出思想”的“三位一体”战略定位很好。那么，从制度改革的结构性角度而言，我们可以把这些目标分别进行功能性定位：即科技先锋（135 战略完全可以实现这个目标）、国家智库、新文化的倡导者。要实现这些功能性目标，首先需要行动者结构的改变，即人才政策的改革。我们当下流行的各类人才政策大多是采用“渔网模型”，而真正符合行动者结构要求的人才政策是“鱼塘模型”。人才政策的“渔网模型”，注重的是各种标准的设定与细化，以捕捞为主；问题是网做得再好，水里的鱼是有限的，总有一天会出现无鱼可捕的现象。而“鱼塘模型”注重的是科研环境的建设，让自产与外来的鱼都能一并被吸引。主要发达国家的人才实践已经证明：“鱼塘模型”成本低，有活力，更具有可持续性。相反，“渔网模型”短期有效，长期难以为继，并且成本高昂，很多时候这种政策会沦落为渔网的展览。

对于人才队伍建设，无论捕鱼模式也好，还是养鱼模式也罢，首先要要知道谁是鱼？鱼在哪里？笔者以前曾建议有关部门每年正式推出各门学科排名前1 000的研究人员，类似于各种富豪榜一样，这种工作对于人才队伍建设以及国家人才政策的制定意义重大，中国科学院完全可以把这个工作组织起来，这对于整个社会也是贡献。2012年笔者曾建议成立“科学家流动站”其意也在于探索“鱼塘模型”的生存机理，它既可以满足管理者短期内对成果追求的硬性约束，又可以发现科研环境建设中的内在机制问题。至于使中国科学院成为国家智库的目标设定，这应经是当下一项颇具竞争性的流行目标，很多机构都把这项目标定位为自己的发展战略，这就无形中提高了智库的准入门槛。问题是如何能够实现这个目标呢？众所周知，一个好的智库应该具备两个条件：首先，为国家提供具有丰富经验内容的建议与对策；其次，所提建议与对策具有高度新颖性与可预见性。而要实现这两点，首先要使自己成为新文化、新思想的倡导者，只有这样，所提建议与对策中才会有新思想的内容。由于中国实行多年的思想禁锢策略，导致中国的人文社会科学水平非常落后，思想的贫瘠已到了危险的边缘，根本无法满足当下中国人日益增长的精神生活的需求。这种物质与精神分裂的状态，将是未来影响科技发展后劲的关键因素。基于这种理解，笔者曾预言：未来10—20年内，中国最匮乏的是思想产品。谁来满足庞大族群精神生活的巨大需求缺口,思想供给的市场将成为未来中国知识界的最后一块待开垦的土地。中国高校由于体量庞大,掣肘因素多,转型较难。基于这种判断,中国科学院完全可以凭借自身的独特性,率先在这方面发挥出自己的应有作用,成为新思想与新文化的生产者与倡导者,以此获得社会的广泛认同,只有这样,通向国家智库的道路才是可能的。只有思想的强大才是真正的强大,美国的强大不仅仅在于它的科技,更在于它的思想溢出效应,这种铁的事实已经充分证明了这个命题。

最后纠正一个认知误区,即国际化的泛滥。现在所有行业都在提倡国际化。何谓国际化?通俗地说,就是去地方化,尽量达到普遍性最高的一种目标设定。真正的科技成就都是国际化的,从来没有中国物理与美国物理之分,只有一种物理。在全球化的今天,世界是平的,信息传输如此便捷,任何好的科研成果都是国际化。盲目衡量国际化水准,很有可能演变为一种新型的浮躁与浪费。对于中国科技界而言,也许更为关键的是打掉那些阻碍我们前行的各种墙,让一切自由流动起来比什么都强。我从来不认为请几个海外名师讲学会比让谷歌畅通起来对中国科技事业更重要。

综上,中国科学院所开启的实质性科技体制改革对于整个中国科技体制改革具有破冰作用与号角意义,其深远影响自不待言。体制改革的核心在于改变原有的僵化结构，最大程度上降低运行的交易成本，释放与激发共同体成员的活力与热情。未来不仅仅是一个时间概念，它更是一种创造性行动在空间的转移。这是我们共同的未来，我们今天有怎样的出击，就会有怎样的未来模式。最后，祝福中国科学院科技体制改革成功！

科技投入增量应惠及更多科研人员

最近关于中国科研经费使用情况的质疑较多,让人感觉中国科技界简直是一团糟,科研经费都浪费了。实际上,唱衰科技界并不是一种理性表达,我们需要冷静下来思考,中国科技界果真如此不堪吗?据科技部公布的统计数据显示,2012 年我国 R&D 经费投入 10 298.4 亿元(约合 1 696 亿美元),占当年 GDP 的比例是 1.98%,同期美国的科技投入为 4 360 亿美元,占其 GDP 的 2.1%。中国的科技投入相当于美国的 21%。

在中国的科技投入中,有接近 83% 的份额来自企业。众所周知,除了少数国有垄断大企业,大部分中国企业的盈利能力有限,在此基础上加大企业对科技的投入显然力不从心。客观地说,这部分经费数据存在很大的水分,事实上它已经成为一些企业避税的方式。目前,中国科技界仅用相当于美国 1/5 的科研经费,在全时科研人员的数量几乎相同的情况下,单以论文数量来比较,我国的论文总数居世界第二,生产了占世界总论文数10%的产量。仅凭这个数据我们就可以说：中国科技界的生产效率是非常高的，试问中国还有哪个领域用这么少的投入创造出如此辉煌的成绩？

从这个意义上说，科技界是中国投入产出效率最高的部门。有人会说中国论文质量还比较低，这些都是事实，但这是中国科技发展的历史现状决定的。如果没有今天如此高的科研产出，估计世界是不会注意到中国科研的存在的。从数量向质量转变是一个过程，我们需要耐心。没有人会否认科技给中国带来的实实在在的巨大变化。在当下的中国，科技是我们唯一可以相信和依靠的力量，对此不应有任何非理性的怀疑。

中国科技投入存在的问题主要体现在以下两个方面。在宏观方面，投入总量严重不足，我国2012年的R&D投入仅占GDP的1.98%，远远低于主要发达国家平均2.5%的水平，中国的科研经费不是多了，而是严重不足，这仍是未来科技发展的瓶颈因素。

在微观层面，投入的配置结构严重不合理。现在从上到下的科技管理部门都热衷于搞大项目，期望大项目能出大成果。这种指导原则仍是经济领域中效率优先教条在科技界的翻版，想通过一种赌博的方式实现跨越式的发展。

问题是，成长的鸿沟是无法逾越的，必须慢慢来。这也是科技管理部门政绩冲动的典型体现。这种观点在前提上就存在严重问题——大项目与大成果之间的关系是必然的吗？至少科学史的研究并不支持这种观点。再加上，中国整体的科技发展水平还处于世界的中上水平，只有极少学科能够达到世界顶尖水平，结果就出现了一个荒谬的现象：每年通过的重大项目的数量，比当下拥有的顶尖人才还多。由此一来，重大项目的意义就严重缩水了。

更为严重的是，过多的重大项目的设立败坏了学术界纯净的学术氛围，导致学术界拉帮结派、换票行为蔓延，各种不端行为防不胜防。同时，学术资源过度集中，导致资源的边际效用递减，严重妨碍了正常竞争的展开，人为制造马太效应。由此就出现了各类重大项目运行的黑色幽默：申报时，信誓旦旦拍胸脯；结题时，挥挥衣袖拍屁股。造成公众对于科研经费使用情况的严重不信任来自两方面因素。其一，当下中国的群体心态比较急躁，对自身生存压力的体味，加剧了这种急躁心态的涌现，公众对于科技寄予了太高的期望。近年来随着投入的增加，科技进步的速度远远赶不上群体期望值的提升速度。这种落差让群体急躁的心理感到巨大落差与失望情绪，这种因素造成了公众对于科技人员不满情绪的增加。

其二，由于资源配置的严重不合理，管理部门热衷于搞大项目，导致大项目很多，大成果却很少、鲜有几件在国际上拿得出手的成果。那些拥有大项目者摇身变为科技界的富翁，国内、国外飞来飞去，科技界演变为忽悠的江湖，彻底颠覆了人们对于科学家形象的认同；而大多数普通科技工作者仍然在为基本科研条件苦苦挣扎。这种反差，也造成了来自科技界内部不满情绪的蔓延。于是两种合力共同促成了人们对于经费使用状况的不满情绪。

客观地说，中国人大多是比较节俭的，科技界也同样如此——中国科技界的老板是世界上最吝啬的一群：对学生、对雇员都是斤斤计较。原因在于，对大多普通科技工作者来说，争取到一点科研经费并不是一件很容易的事情，岂敢浪费？能够浪费得起的都是那些拥有大资源而又花不完的人。基于此，为扭转公众日益增加的对科技的不满情绪，以及真正提升科技发展水平，就是当下科技管理部门急需解决的问题。首先，改革当下落伍的考评体系，大范围缩减那些所谓重大项目的立项数量，把每年的科技投入增量用于最广大范围的科研人员，让科技界在这段时期内积蓄力量，提高我国的科技总水平。当整体水平提升了，科技事业自然会有重大成果出现。其次，取消荒唐的到期强行收走政策。这不明摆着让人们胡乱挥霍吗？第三，增加合格科研人员的保障经费供给范围，适当扩大基金中用于人员经费的支出，减少无序竞争以及科研时间的浪费，让科技界真正沉下心来做一些有意义的工作，为中国以及世界贡献出他们的智慧与希望。

不妨在基金申请中设立资助特区

基金申请日益成为科研工作者的一种常规生活要素，据笔者这几年的观察，每个科研工作者每年至少要花上两个月的时间去写各种标书和本子，这是一项很费时费力的活。随着国家每年科研投入的增加，各类基金的申请数量也是快速增加，这种局面造成了国家和个人的双向疲惫与浪费。如果再考虑到中国科研工作者所遭遇到的没完没了的各种会议，导致时间的损耗更是惊人，当下的科技工作者普遍感到用于科研的时间严重不足，这种局面是令人无法接受的，毕竟科研成果的产出量是投入时间的函数，从这个意义上说，改变基金的申请模式恰恰是未来科技管理改革中具有高度敏感性的思路。

美国科学史家霍勒斯·贾德森(Horace Judson,1931—)在《大背叛：科学中的欺诈》一书中曾提到美国洛克菲勒基金会自然科学分部主任沃伦·维夫(Warren Weaver,1894—1978)的一种资助模式很有启发性。沃伦·维夫原本是一名数学家，也是一名优秀的科技管理者，在其担任主任的23年期间（1932—1955），倡导一种很有远见的资助模式，既培养了数名诺贝尔奖学者，也开创了基因学和分子生物学的新领域，总体来看效果非常显著。反思其管理理念的要点主要有两条：其一，寻找有前途的年轻科学家进行资助；其二，寻找此前并不紧密联系而现在开始结合的边缘领域进行资助。这个资助模式的深远意义在于把现在与未来做了很好的衔接：解决现在的问题需要找到合适的人才，这些人可以通过其杰出的工作为人类开辟一条衔接未来的路；对未来的远见卓识恰恰体现在把科学的研究领域引领到一个有希望的领域。这第二点尤其难以模仿，它需要的是一种穿透岁月的眼光。笔者曾经把这种模式称作：为好人找项目，为未来找方向。抛开这种模式的重大历史意义不谈，仅就实践层面来讲，这种理念也极大地解放了管理者与科研工作者的时间。从社会分工的角度来说，这种模式使得管理者与科研工作者的分工明确，符合经济学原则，导致双方整体的工作效率都得到了提高。

随着国家科技投入的逐年增加，每年各类国字号的基金申请数量、规模也在快速增长，导致科技管理部门组织的评审工作也随之成为一个很大的问题。就拿目前国内影响最大的国家自然科学基金的评审来说，2012年，共受理面上与青年项目的申报合计147 564项，最后经评审资助30 913

项。如果按每个专家评审20份标书来计算，每年也需要调动7 000余名专家来参与评审工作，这是非常庞大的工作量。耗时费力不说，由于竞争加剧，各类潜在学术不端行为也开始涌现。目前我们还没有办法准确知道每年用于各类科研项目评审的费用到底有多少，但肯定是一个天文数字。从管理者的角度来说，维持或者缩小申请规模是当下和未来急需考虑的问题；对于申报者来讲，每年撰写标书的时间也是浪费惊人，由于竞争的日趋激烈，为了中标，不得不花费大量时间来修饰甚至编造科研神话，导致原本就已经显得稀少的科研时间被进一步占用，从这一意义上说，管理部门和科研人员都成了评价体制的牺牲品，就管理而言，科研管理体制的再造在当下的中国就具有了双重意义。

毕竟沃伦·维夫的策略是80年前的选择模式，结合中国的实际科研状况，笔者认为应该对沃伦·维夫的模型进行改造，为此我们提出项目资助的"三明治模型"，它的实质是把项目与人综合考虑、以解决实际问题为主的一种科研选择模型，这也是当下中国科技为社会服务的最为紧迫的任务。科技管理部门时刻面临一个事关未来的任务，那就是用科技的成就获得社会的认同与支持，以此为未来的发展获得预算支持的选票，一旦财政体制进行改革，科技预算的拨付就与此有直接的关系。三明治模型的最大好处就是把当下最好的人与最急需解决的问题结合起来，也许最急需的问题并不是最前沿的问题，但这种努力能够快速获得社会与公众对科技投入的认同与信任，只有这样，科技未来的发展空间才不会萎缩。

基于上述考虑，在中国科技基金的分配中应该设立一些资助特区，规模可以很小，但必须很精锐。真正让一些最优秀的人从繁琐的申报中解放出来，这就相当于提高了整个社会的科研效率，而且在操作层面上发现这些优秀人才并不难。至于为未来找方向，这事是需要眼界的，也不用急，慢慢来，相信也是可以解决的。按照中国道家的说法，管理的最高境界就是无为而治。其实这也是对我们长期以来所践行的无所不管的一种主动修正与再造。

经费的异化：管理的魔术与规训的技术

在科技管理发生显性作用的诸要素中，经费的分配模式以及约束条件的设立无疑对于科技共同体受众而言最具敏感性。从这个意义上说，经费分配与管理模式的有序化恰恰是科技目标得以顺利实现的最见效的物质手段。尽管近年来中国科技经费的分配与使用中出现了一些违规现象，但是，对于经费问题的讨论更应该关注一般性问题，而不是纠缠于个别性问题。只有基于此，才能找出隐藏其后的具有普遍性的治理措施。对此，本文主要就经费分配与管理问题探讨如下两个问题，希望能够尽量全面地阐释清楚经费分配中存在的问题，以及它对于共同体发生作用的机制，最后提出一种拟议的经费分配改革方案。

经费总量矛盾与分配的结构性失衡

纵观中国经费分配中出现的诸多乱象与冲突，究其根源仍然是国家经费投入总量不足造成的。据科技部最新数据显示，我国2012年的R&D投入也仅达到占GDP的1.98%，同期世界主要发达国家的比例多为2.5～3%之间，而我国的全时科研人员的总量已经跃居世界第一，这不可避免地造成由于经费总量不足而带来的科技界的过度竞争现象。客观地说，中国科技界的投入—产出效率是中国所有行业中效率最高的，仅就科技论文一项而言，连续几年我国科技论文的产出总量都是世界第一。从这个意义上说，中国科技界是目前国内各行业中资源使用效率最高的领域。目前中国人均科研经费还处于比较低的水平，根据简单的经济学原则不难判断，中国科技界仍处于边际产出递增的阶段，这个时期继续加大投入将获得更大的回报，这已为世界经验所证实。从这个意义上说，政府应该继续加大对科技的投入。之所以做出如此明确的断言，是因为即便按照美国政策专家万·布什的简单线性模型来看，加大科技投入也会促成一种简单因果链条：即由基础研究开始、经由应用研究的拓展，再到产业发展的直接因果相关性。同时，加大投入，不仅仅在短期内收获各类可见的成果，更为重要的是这种制度安排为未来培养了大量的人才，这相当于人力资源投资，一旦知识资本形成，这部分资本会扩散到社会的所有角落，从而带来各地知识资本总量的累积增加，为未来整个社会与产业的发展与升级提供智力支持。

换言之,科技投入增加会带来众多显在与潜在的收益,这是向其他任何行业投资所不具有的典型溢出效应。美国的强大,不在于仅仅拥有几所世界著名大学和研究机构,而在于它拥有多年积累形成的分布均匀的知识资本,这一切都得益于对于科技的大胆投入。因此,继续加大对于科技的投入,是中国在未来世界竞争中处于不败之地的必由之路,舍此别无他途。

现在的问题是,在科技投入总量有限的情况下,分配结构严重不合理,主要体现在:资源的过度集中与分散的矛盾。从而加剧了总量不足的矛盾,并造成资源的低效率以及共同体不满情绪的增加,从而消解了原本具有敏感性的经费要素对于共同体成员的有效激励效应。笔者这几年一直在批评重大项目的泛滥趋势,其主旨在于批评资源的过度集中现象。由于中国的整体科技水平远没有达到如此遍地开花的阶段,盲目增加重大项目,其原因无非两个:其一,由于评价体系落后,对于快速增加的科技资源缺乏有效的分配手段,为了掩盖管理技术滞后的现实,导致管理部门被迫采取经费单项倍增的懒惰行为,以此化解管理模式落后所遭遇的压力;其二;垄断权力与政绩冲动。由于权力发生作用的模式主要有两种:支配能力与规训能力,前者是通过国家机器背书所赋予的强制性,而后者则是通过资源的分配以自愿的形式实现对群体的规训技术。牢牢控制住资源的分配模式，也就相当于实现了权力的垄断。至于管理部门的政绩冲动，则是权力对于未来岗位责任与预期租金的应答与渴望。这一点无可厚非，问题是大项目与大产出之间并没有必然的因果关系，换言之，大项目不一定出大成果，在这个链条中决策的依据充其量是一种对未来可能性的赌博而已。

基于上述考虑，笔者认为，为了缓解当下资源总量不足与分配结构不平衡的矛盾，可以采取三种措施：其一，重大项目大幅瘦身，中小项目适度扩容，以此在短期内快速提升中国整体科技实力；其二，根据人才水平的能力分区原则，资源投放规模也相应设置成大、中、小项目，任何人只准选择一个级别的申报，严禁赢者通吃现象带来的资源边际效用递减现象的发生；其三，在总量资源配置中，应该把科研项目申报与科研保障经费供给并列，科研人员可以任选一种支持模式，以此缓解每年快速增加的申报与评审压力。喜欢冒险的科研人员，可以选择申报项目，不喜欢冒险和浪费时间写标书的科研人员可以申请保证性经费支持，根据每个人的具体情况，自由选择。这里的难题在于如何划定保障性科研经费支持的人数。笔者曾建议，模仿体育界排名的模式。国家有关部门应该委托中立的评估机构，定期评选出每个学科排名前 1 000 名学者的名单，以此作为潜在保障性经费资助的种子选手名单，入选者既可以选择申请保障性科研经费支持，也可以与其他人一起选择参与各个级别的项目申报，但二者只能择其一。这种定期学科排名还有一个好处，就是国家可以时刻准确把握各个学科的人力资源储备情况，以备国家需要时快速调集科研力量。

经费的分配不仅仅为了取得短期的成果，更重要的是为未来培育人才，以及为整个社会积累知识资本库存，因此，经费分配中的分区原则是化解当下诸多矛盾的一种有效办法。毕竟水涨船高是一个不争的事实；笔者曾戏言，当下的中国多一两个诺贝尔奖，对于中国整体科技实力的提升意义不大，仅具有象征意义，远不如整体实力提升带来的收益高，到那时收获更多的诺贝尔奖也只是水到渠成的事情。

经费分配的异化：符号与规训

当下中国科技界有一个非常有趣的现象：科学评比商业化，谁的经费多，谁的水平高。没有经费，你什么都不是。经费原本是对研究活动的一种支持，这是大科学时代科技发展的特点所决定的，没有经费的支持，今天的科技事业很难维系。究其本意，经费是国家对未来成果的预先赎买（或预定），以此来维系知识生产的链条不致中断。这项举措原本是对科学研究的支持，而实际却演变为权力与符号资本的共谋：权力利用经费实行对共同体的规训；共同体则希望通过申报项目积攒符号资本,为未来换取更多的经费。至此,形成了一个不对称的格局：权力享受纯粹操纵的魅力,申报者承受绝对不确定性的失望。由此,科学研究的志趣就发生了逆转：从自由探究到向权力投其所好偏转。这个空间内滋生着潜在的权力与符号之间的交易。可怜的经费被异化了,异化的经费加剧了权力与符号资本的相互欣赏与勾结,管理者如变魔术般享受着对他者实行全方位规训带来的满足感。由此,就形成了一个奇怪的评价标准：经费在权力的导引下按照规模的大小支撑着一系列符号拥有者的升腾与坠落的命运。对此,无需赘言,中立的旁观者见证了科技界喧哗背后的苍白。经费作为规训手段,通过逐渐完善申报边界的设置,彻底形成对共同体的由表及里的多层次规训。科学成为权力展示力量的舞台,通过经费分配实现对于未来成果的预订机制,科学就完全被限制在可控区域：一个可控和可预期的科学符合管理者对于不确定性的防御,但这绝不是一个好科学。这就解释了我们的原始创新比较少的原因,因为创造力和重大突破性成果原本就是不确定性的成果,现在一切研究已经被事先设定好了,这期间所丢失的东西正是科学研究的灵魂所在,科学研究再次成为计划模式的牺牲品。

在权力与符号的共谋中,共同体为了成功获得经费,以及随之累积的符号资本,也只好按照权力划定的路径前进,在这条路上科学本身已变得不重要了,它已经从研究的目的沦落为获得符号资本的手段。从这个意义上说,科学研究不是主仆之间的游戏,而是平等地探究。笔者之所以反对大项目,其内在缘由也在于此,越是大项目,规训手段越彻底,也越远离科学本意。只要看看人文社会科学领域里的很多所谓重大项目,很容易发现这套规训技术的身影。自然科学领域也是如此,只不过由于学科本身的特点,做得更为巧妙一些而已。坊间所谓设租—寻租行为无非是权力与符号共谋的初级形式而已,还有更多的能力向权力让步而牺牲科学性的高级形式。那么如何解决这个越来越难以治理的顽疾呢？这才是本文关注的焦点。

经费从功能角度来说,它不是时尚的奢侈品,而是科研工作的必需品。作为科研的血液,它必须提供三种基本功能:首先,满足研究工作的最基本需要;其次,与共同体成员获得承认有关的精神愉悦需要(符号资本形式);第三,为追求真理提供自我实现的需要。目前,中国科研经费配置的现状大多维持在第一个层次,由于权力的渗透,个别大项目就沦落为权力与符号资本的交易,很少有第三个层次的出现。经费提供的显性激励机制大多来自前两个层次,而第三个层次的实现,则需要从业者发自内心的自觉与对使命召唤的主动应答。上述说法稍微有点形而上的味道,那么回到现实操作层面,就要简洁很多。根据美国经济学家阿兰·斯密德的状态—结构—绩效三元模型提供的解释空间，为使经费管理回到有序高效状态，改变经费的分配结构是当下的首要任务，上面提到的分区设想就是为了解决结构问题，由此，管理目标所追求的状态与绩效变量自然会得到根本性改善。这个三元结构模型在实践中需要注意的问题是：结构变革必须遵守公平原则；状态的改善则要充分考虑到不同主体间的协调性；而绩效则是对微观个体的效率要求。满足这三个原则，经费分配就是一个严格按流程操作，逐渐释放激励功能的过程。基于此，困扰科技界的经费分配异化现象才能真正得以避免。

科技发展：从马尔萨斯模式向达尔文模式转变

每年的10月都是诺贝尔奖颁奖时期，尽管目前纯粹自然科学奖与本土科学家的工作还没有直接关系，但这不妨碍国人借机热议中国科技发展的问题。美国总统肯尼迪曾说：胜利有100个父亲，而失败是个孤儿。对于中国学术界而言，关心失败这个孤儿，恰恰是诺贝尔奖盛典对于当下中国学界的唯一现实意义所在，并借此契机广泛地反思一下我们采取的科技发展战略是否有问题？这种讨论对于我们未来的科技体制改革是有意义的。

笔者曾把中国当下科技体制所采取的策略以及存在的现状称作：马尔萨斯模式。这个隐喻主要是借鉴于英国政治经济学家马尔萨斯（Thomas Robert Malthus，1766—1834）在1798年的工作，即一旦人口的增长速度远远超过资源的增长速度，那么，由此将带来不匹配的发展困境，这就是通常所说的马尔萨斯陷阱。回顾中国科技界在过去的发展历程，清晰地论证了这种发展模式：科技人员增加的速度远远高于科技资源的投入速度，两者之间出现明显的不匹配现象。只要横向对比一下，即可发现这种状况。2012年中美两国全时R&D人员已经持平，2013年这个数据很可能已经超过美国，而同期中国的R&D投入仅为美国的1/3多一点，即便按占GDP的比例来测算，也远远低于世界主要发达国家的平均投入水平。换言之，中国科技人员数量与资源的匹配程度严重低于美国。由此，可以合理推出：中国的科研环境远不如欧美等发达国家宽松。在马尔萨斯陷阱里，为了恢复人口与资源的自然匹配状态，往往通过战争、饥饿、瘟疫来自动调节这个平衡。那么，引申一下，如果科技界处于马尔萨斯陷阱该如何恢复平衡呢？

在过去，为了遮蔽科技与教育长期投入严重不足的现实，以及缓解由日益快速增加的科研群体带来的两者之间的严重不匹配的矛盾，管理者主要采用了一种策略：分类与资源挂钩，从机构、项目到人才，设计了很多计划与名目，几乎所有的科研领域都被如此处置。由此，我们见证了这个时代称号满天飞的壮观景象：机构（重点扶持机构、985、211等）；项目（重大、863、973、杰青等）；人才（千人、长江、百人等）。以此把矛盾从顶层向下层转移，从而有效地遮蔽了国家长期投入不足的现实，而且让你无法言说。因为，其潜台词带有羞辱成分：不是资源短缺的问题，而是你的能力问题。剑锋所指涉及每个从业者的荣誉与尊严，哪个人又敢轻易去质疑呢？毕竟这种质疑对于个体而言成本太高。

这种政策安排加速了马尔萨斯陷阱的扩散范围。其好处有二：其一，反思一下从国家到地方层面，各种分类名目的设立几乎都无一例外地有效地阻击了公众对于投入不足的指责与抱怨。其二，利用人为制造的马尔萨斯陷阱在科技界营造过度竞争的局面，从而实现对从业者能力的广泛透支。在资源严重短缺的背景下：人力资源的收益被压缩到很低的程度（极限边界条件是个体的边际收益等于边际成本）。这种方式很残酷，颇有些涸泽而渔的意味，任何个体为了不出局，只好严重透支自己的智力与体力，相信科技界的从业者大多会深有感受。马尔萨斯陷阱的后果在科技界的典型表征就是：在争取资源的角斗场里，盛行高精尖的宏大叙事，以及投其所好的各类编故事游戏，为了胜出，可以无视能力、基础条件，任意拔高与夸大，诚实的美德被严酷的生存摧毁。在这种短暂繁荣的表象下，暗含了注定不可持续的命运。它催生的直接危害就是学术不端事件的频频发生。在过度竞争的氛围下，采取学术不端行为就成为一些胆大妄为者既能用来应对政策压力，又能获得收益的一种很有吸引力的选择。从这个意义上说，大多学术不端行为是一种制度缺陷的产物。

科技界的马尔萨斯陷阱,造就了诸多宏大叙事:重大项目、重大成果、领军人才等等,这种片面追求所谓高精尖的趋势渐成一种时尚,根本不屑于脚踏实地的缓慢推进。在此模式下,只有可见的宏大业绩才是政策鼓励的。这种模式也迎合了管理者集中力量办大事的政治理念。一旦成功,就可以继续掩盖体制的落伍与惰性。问题是科学研究的进步是缓慢演进的结果,而不是计划的空中楼阁。这种没有根基的赌博式政策造成了时间与资源的双重浪费,尤其是造成了科技发展的关键时间窗口的关闭。珠穆朗玛峰绝不可能耸立在平原上,它的奇迹只能依托在青藏高原。同样道理,科技界的突破也需要在一个比较高的科技基准线上,这就要求我们的科技政策必须转型:从马尔萨斯模式向达尔文模式转型。

所谓达尔文模式是指一种渐进的科技发展模式,它的理论基础借鉴于达尔文的进化论,在发展过程中通过自然选择的机制实现优胜劣汰的进化阶梯。在自然选择过程中实现资源、人力、环境的最优配置,从而稳步提高科技界的整体水平基准线,在此基础上,自然会涌现出我们期待已久的重大发现以及重大成果。如果说马尔萨斯模式有些计划经济的味道的话,那么,达尔文模式则是一种最大程度上基于市场的力量,利用自生自发秩序的机制实现进步的模式。达尔文模式注重切实可行的提高,它比较关注进化的连续性，不提倡无根基的跨越与突变，给所有发展以自由选择的公平基础。这种渐进模式的进步是缓慢的，也是真切的，任何不切实际的好高骛远的选择都将受到被社会淘汰的制约，从而带动整个社会跟随科技一起进化的局面，它的直接后果就是国家整体科技实力的提升以及共同体能力的大幅改善，这个过程有些类似于管理学中的“水桶的短板理论”。

如果说马尔萨斯模式带来的是科技界内部的过度竞争局面，以及蔓延的浮夸、浮躁风气的话，那么达尔文模式则是基于合作的共同进步，以及脚踏实地、稳步前进的求实风格。另外，马尔萨斯模式导致资源配置容易被管理者的心理偏好所左右，从而造成浪费；而达尔文模式则基于机会公平原则下的资源保证性供给机制，实现群体的进化以及科技水平的提升。我们期望未来的中国科技界不是抢夺资源的角斗场，而是展现智慧的大舞台！

教育改革：要从量的公平向质的公平转变

十二届全国人大第二次会议后，教育部部长袁贵仁先生就高考制度在回答媒体采访时说:“地域没有不公平。原来的地域是有差别，西部高校少，经济实力弱，招生率低一些。但经过近 10 年努力，录取率已大体相当，最低的省已达 67%。全国平均数是 70% 多。虽然还有一点距离，但已不像过去差那么多。”(《京华时报》,2013 年 3 月 9 日)，客观地说，对于袁贵仁部长的很多观点我是认同的，比如他认为“高考制度不能取消，但要改革”的观点，我就完全赞同。但是就当下高等教育改革的现状与路径选择而言，笔者与袁部长有些不同的看法，愿意在此就这个问题与袁部长商榷。

笔者认为，当下中国高等教育改革路径的选择关键在于从功能改革向结构改革转型，否则是没有多少前途的。结合本文的主旨：教育公平应该开始从量的公平向质的公平转变，目前所呈现的量的公平(各地高考录取率趋同)只是初级公平形式，当然这也是过去 10 年里教育系统取得的伟大成就，对此全社会并没有什么疑义。但问题是录取率的质量才是真正反映教育改革成效的试金石。笔者2012年时曾带领学生对此进行过一些研究，根据已公布的信息得出的一些结论非常令人震惊，这里仅列出部分有代表性的省市的几项指标，从中不难看出教育改革真的到了必须从功能向结构转变的时候了。

我国的一些主要地区的优质教育资源分布存在严重不公平现象，比如北京人口仅占全国的1.5%，而它所拥有的重点高校比率（属地的重点高校÷属地所有高校）却高达31.8%；同期，河南省人口占全国的7%，而河南省重点高校的所占比率仅仅为0.93%，远远低于4.75%的全国平均高校重点率。根据我们的统计分析，各地高校重点率超过全国平均值的地区有14个省市自治区。河北省、河南省两省的人口占全国的12.5%左右，而优质教育资源却仅占全国的3.64%。这种分布结构令人触目惊心。所谓高考录取率趋同现象，无非是这些省份用低质教育资源填充优质资源空缺的无奈之举。

把优质教育资源向这些省份倾斜，再加上地方政府真正认识到教育的重要性，并积极出台支持本地教育的各种务实举措，这些努力才是教育改革从量向质转变的关键。同时，这种转变也为整个社会的转型提供了一种样本的作用。如果一些人口大省一直处于优质教育资源的荒漠地带,那么这些省份的经济起飞脚步将被人力资源的短板严重制约。毕竟一个组织良好的社会的最大美德就是公平,教育改革的一小步,恰恰是点亮中国梦的一大步。

教育投入不仅仅是投资，更应该是一种福利

网上报道，2011 年以邓飞为核心的媒体人发起的免费午餐慈善行动，短短半年便惠及千万农村孩子。2011 年 10 月 26 日，国务院常务会议决定：中央每年拨款 160 多亿元，按照每生每天 3 元的标准为农村义务教育阶段学生提供营养膳食补助（新华网，2011 年 11 月 7 日）。这实在是一则很温暖的消息，也许更为重要的是这次行动引发的两种观念亟待分析：首先，这种政策制定模式即由民间率先启动，然后政府接盘的政策制定模式是否具有普遍性；其次，对于长期执行的教育投入的范式需要重新梳理，这也是破解当前教育投入政策困境的一种有益尝试。

这次政策之所以引发公众的热议与好评，是因为本次政策问题的确认是来自真实的社会基层视角，问题看得很准确，而且问题一经展现，立刻得到了自下而上的高度共识，并且很快得到了政府的积极回应，甚至当事人都不敢预料一个完全来自民间的善举，会产生如此大的作用和影响，

这就给整个社会营造了一种幻觉：认为今后的政策制定也可以完全采用这种模式。但是，这种认识是存在严重偏差的。本次政策的出台，完全是一个个案，并不具有普遍性。虽然对于部分离真实生活很近的问题而言，来自基层的视角有它独到的优点：问题的发现准确与真实，而且往往能够展现被政策制定者长期忽视的死角问题。但是，这种模式的缺点也同样鲜明：问题的提出具有很大的不确定性与或然性，试想如果没有邓飞等人的努力，会有这个意料不到的结果吗？再者，发现政策问题的启动成本谁来承担？这本是政府分内之事，如果完全仰仗社会力量，后果就变得极为不确定，所有公益性活动都面临这种困境。本次政策之所以进展得如此顺利，首先是由于问题的相对简单所致，它本身并没有牵涉到太多利益集团的利益，因此政策制定中掣肘因素不多，所以过程比较顺利；其次，这个政策之所以会破天荒地以如此快的速度获得通过，是因为该项政策运行的政治收益（投入产出比与政府声誉收益）具有明显的效用最大化特征。即便按政策规定每个学生每天伙食补贴3元，一年也就是900元（每年10个月的在校时间），那么160亿元，可以补贴接近1 800万农村学生，即便按每个农村家庭有两个孩子计算，也可以资助接近900万个家庭。相对于每年政府超过10万亿的财政收入而言，这点投入获得效用是最大的（投入约占财政收入的0.16%，解决的贫困孩子占全国人口的1.286%，两者的差距是8倍，如果仅限于农村人口，按我国城市化比例为50%计算，这个比例还要翻番，可见政治收益巨大)。这项政策的执行不但解决了长期困扰农村孩子营养不良的伙食问题，而且为政府赢得了大量赞誉，这是一个典型的多赢策略。相反，如果政策问题牵涉到太多复杂的利益关系，那么这种来自基层的声音很难被政策制定者采纳。比如，同样是来自基层的而且频繁发生的校车问题，也有广泛的社会影响，但迟迟无法制定出切实有效的政策，其原因也在于不符合上述两个条件。从这个意义上说，本次案例从民间到政府的顺利交接，实在是一个特例，不具有政策方法论意义上的普遍性。

要使政策制定具有高质量，必须另辟蹊径。通常来说，根据社会发展程度的差异，政策制定主体通常有三种模式：精英制定主体、共同体制定主体与公众制定主体。民主机制比较健全的国家通常采用的政策制定主体是共同体制定主体与公众制定主体，或者是两者的混合模式，它的好处是社会底层问题容易得到关注。由于群体心理偏好的不同，精英制定主体是很少考虑底层声音的，底层的诉求在这种政策制定模式下注定是被忽视与被边缘化的。10年前笔者曾撰文，指出当下中国政策制定主体正在经历从精英制定主体向共同体制定主体缓慢转变的阶段，因此，我们的政策相对不太关注底层的声音。从这个意义上说，未来中国政策质量提高的关键是政策制定主体的下移,使一些长期困扰我们社会的底层问题得以展现,并有机会得到解决。这也是未来中国政治体制改革以及公民素质提高的主要目标所在。

这个案例展现的第二个需要我们认真思考的问题是,我们应该大刀阔斧地清理落伍的教育范式:教育投入,不仅仅是一种简单的经济投资行为,它更应该体现一种福利思想。通过教育投入增加每个个体的福利,从而提高整个社会的福祉。长期以来,我们的教育理念在骨子里一直把投资教育当成一种可以简单地进行投入产出分析的经济行为,由于投资教育的回报周期过于漫长,导致政绩工程难以体现,所以我们才有了教育产业化的冒险政策。在这种政策导引下,教育成为一种工厂化的流水线作业模式,它具有经济上的规模效应,而把这种产出成本转嫁给受教育者家庭,国家坐收未来的人力资本红利,这是非常不负责任的做法。其实,国家进行人力资本投资,它的未来回报是相当大的,诺贝尔经济学奖获得者美国舒尔茨的人力资本理论,有力地证明了这个假设。由于各级政府缺少必要的耐心以及对于政府所应遵守的契约精神的捍卫,导致我们的教育理念也越来越锁定在退化的路径上,最后,堂而皇之地把教育的责任推给公众,教育几乎完全成了受教育者个人的事情。在政策方面就表现为迟迟不肯在教育上增加投入(教育投入占 GDP 的 4% 的口号喊了近 20 年，直到 2012 年中国首次实现教育法规定的教育投入占 GDP 的 4% 的目标），其实这是一种及其短视的行为。要知道个人资本的增加就相当于国家总体资本的增加，社会所积攒的资本构成了一个国家资本的蓄水池，从这个意义上说，国家投资于教育相当于把资本均匀地储存起来，对于资本的利用效率来说也是相当划算的。也许更为重要的是，国家的文明程度是由它的公民的受教育程度来表征的。另外，有限的教育投入，其配置结构也完全不合理，现在的教育投入热衷于投资与教育有关的固定资产（如校舍、设备等硬件设施），而忽视对于受教育群体的软投入。这仍然是政绩工程的变体，毕竟投资于硬件设施看得见摸得着，而投资于人所获得的高度认同与未来的赞美在短期内不容易看见，毕竟官员也要在特定时段内的政治市场中实现最大的政治收益。

研究表明：教育投入里硬件投资都是贬值的，而软投入从长远来看都是增值的。此次对贫困地区农村孩子的膳食补贴，这部分教育投入是典型的软投入，我们可以预料，这部分资本在未来是增值的。这里还需要理清一个问题，即教育软投入我们能够收获什么？短期可见的收益是，孩子们的健康状况快速得到改善，900 万贫困地区的农村家庭经济状况将得到一定程度的改善，政府在这个过程中获得了大量的认同与赞美。对于任何政府来说，来自广大公众的认同与赞美就是最好的政治收益，它对于政府的合法性具有强大的巩固作用。按照德国哲学家康德的说法：人永远是目的而不是手段。政府的任何决策都应该把人作为目的来看待，只有基于此，它的行为才符合道德原则，这也是以人为本的主旨所在。从长远来看，这部分投入，对于所有贫困地区的农村孩子来说，上学并不仅仅是获得知识的一种手段，而且还是国家给予他们的一种福利，一旦未来学业有成，不但可以增加自己的人力资本价值，而且，这项政策还可以大范围提高农村孩子的入学率与知识水平，这部分孩子对于未来农村面貌的改善具有至关重要的作用。如果没有一批高素质的人才储备，以及群体整体水平的提高，新农村建设也就是一种美好的纸上谈兵而已。

最后一个问题就是投入的分配与监督问题。政策有了，钱也拨了，照理说，一切万事大吉。但是，在中国还有一个本不该是问题的问题，即这些教育投入在分配过程中时时面临被权力链条层层蚕食的危险，导致政策释放的善意被恶意地稀释，在社会上出现大范围的对立与认知扭曲问题。由于当下政治体制改革的严重滞后，中国近年来出现了愈演愈烈的“权力爬山虎现象”，权力已经像爬山虎一般肆意渗透到社会生活的所有角落，这种没有制约的泛滥化权力是当下这笔宝贵的教育投入再分配过程中面临的最大敌人：如何避免被挪用、克扣、瞒报、截留、抽成、寻租等就是当下非常棘手的问题。这就涉及这部分膳食补贴在运作过程中的监管问题。其实，原本这就不是什么艰难的理论问题，各种中看不中用的监管措施我们都有，当下所遭遇到的监管失灵，是现有制度安排下体制内监督的必然结果。究其原因，这些风险都是权力没有得到有效约束而带来的。为了彻底扭转这种监管失灵状况，必须引入广泛的体制外的监督力量，以此斩断“权力爬山虎”的带有吸盘的脚。看似复杂，其实处理起来还是比较容易的，只是愿意不愿意而已。这个方法就是将整个资源的分配环节完全公开化，从资源拨出到最后的个体接受环节完全一一对应，让整个社会来参与监督，那些潜在的违规者被定性为窃取国民福利之人，也是肆意挥霍国家信誉的渎职者，当以人民公敌处置。这一切之所以有效，皆缘于：置于阳光下是权力的最好防腐剂。

高等教育改革需要一次真正的破冰之旅

2012年4月24日,教育部在其官方网站上发布通知,同意建立南方科技大学,历时5年之久,南方科技大学终于转正。坦率地说,这个结果并没有让笔者产生多么大的兴奋之情。人们曾寄予厚望的中国高等教育改革,在一种温吞吞的太极式拖延与冷处理的悬置中,终于走完了从激进到渐进的蜕变之路,一种拼凑的教育改革范式上终于浮出水面。可以预见,在未来一段时间里,这个拼凑的教育改革范式,将成为今后中国高等教育改革的主要路径与模板。在整个社会群体心理日益陷入改革疲劳的当下,反思这次高等教育改革的成败得失,恰恰是我们未来教育改革的出发点。

众所周知,中国高等教育的整体水平与世界主要发达国家尚存在很大的差距,这种差距主要已经不是高等教育硬件设施方面的差距,而是由教育理念落后带来的一系列差异的综合体现。反观改革开放以来,中国进行了多次教育改革，大多声势浩大，效果不佳，非但没有缩小双方的差距，反而有将差距拉大的趋势。究其原因，这些年所进行的教育改革仍停留在高等教育的表层与末端，根本没有触及高等教育理念的内在核心要素。为了把问题引向深入，我们首先需要厘清高等教育改革的核心理念是什么？其次，对当前的几种主要改革模式进行梳理，以此发现这些改革模式中存在的问题。

自近代启蒙运动以降，高等教育的核心理念可以简化为两个层面：培育具有现代意识的公民与传授专业知识为己任。这种目标设定暗合了启蒙运动以来所倡导的理性的两个维度：价值理性与工具理性的有机结合。这种理念也成为当今世界上被公众普遍接受的高等教育范式的核心。基于此，才能塑造出符合时代要求的合格人才，二者不可偏废。

高等教育理念核心范式的确立，对于高等教育的健康发展具有重要的纲领性作用。根据美国制度经济学家阿兰·斯密德教授的观点，制度与经济绩效之间存在密切关系，这种理论稍微展开一点就是：状态—结构—绩效的三元模型。一种制度结构决定了一种特定的群体状态，在这种状态下将产生特定的绩效表现。这个模型很有说服力，可以很好地解释中国高等教育改革面临的困境。在笔者看来，中国高校之所以在群体状态与绩效方面表现欠佳，究其原因就在于由教育制度决定的教育结构不合理。这里的核心问题就出在,构成教育制度的核心范式存在严重缺陷。以往的改革都过分注重状态与绩效等形式方面的控制与调整,并没有触及教育核心范式的改革。大凡成功的教育改革出发点,大多是基于对构成教育范式内在结构的失衡所进行的调整。随着工业化时代的来临,教育范式中工具理性快速膨胀,造成价值理性严重萎缩,导致教育的核心范式处于扭曲状态。为了恢复这种内在结构的平衡,大多采用扩展价值理性的努力,以此满足时代的要求,这一传统也是当今世界范围内教育改革的主要路径。

反观我们近二十年的教育改革实践,可以明显看出我们的教育改革不成功的深层原因所在:中国的高等教育范式存在的一个主要问题就是内在结构严重失衡:工具理性完全占据了主导地位,价值理性被挤压得几乎没有多少存在空间,仅有的那点空间也被高度意识形态化,导致中国的高等教育以流水线的方式制造具有高度齐一性的技术人才,大学由此沦落为一种变相的高级职业技术培训机构。由于缺少必要的价值理性的支撑,工具理性的发展也不可能充分。在现实中的表现就是整个社会缺少创新能力。基于此,可以初步诊断:在中国高等教育的范式构成中:缺少与人的存在状态有关的形而上维度的内容,导致工具理性日益沦落为功利主义的工具。所以在这种教育范式的主导下，中国高等教育培育出来的就是没有思想的工匠而已。从这个意义上说，中国的两千多所高校，其实就是一所高校。在办学理念上并没有实质性的不同，差别仅仅在于各所高校拥有的各类资源的差距，以及凭借垄断地位获得的对于优秀学生分层的截流而已。中国高校的创新能力培养完全变成了一种不可预测的偶然性事件，即完全依赖某些天赋好的学生没有被早期教育同化掉的残存的价值理性来支撑，这也是中国高校在创新能力上仅有的思想红利来源，所以我们看到了各高校不惜重金争夺优秀生源的大战，其背后的原因就是想收获那些优秀学生残存的自然创造力，以此来弥补当下教育理念扼杀创造力所造成的思想歉收状态。所以，在落后的教育范式下，中国高校只能依靠各类资源的争夺来维持简单的知识再生产而已。因此，一个成功的教育改革实践必须准确击中教育范式中存在的关键问题，并加以改造，知识的扩大再生产才是可能的。根据对教育范式改造的程度，我们可以把教育改革分成两类：激进的与渐进的。从这个划分来看，那些所谓教育改革根本没有涉及教育范式的核心内容，充其量只能算对旧有教育范式的某些修补而已，其后果也是令人担忧的。对落后纲领的维护，恰恰相当于对代表进步纲领的真正改革设置障碍。这也是需要我们引起高度关注的伪改革现象。

目前中国高等教育领域流行的三种改革模式，我们可以初步给出一个判断：第一种模式，即在现有教育范式下的修补工作，这种修补工作只是细化与弥补既有范式存在的问题，没有给范式的核心部分增加很多新内容，因此称不上真正意义上的改革，充其量只能算对既有结构的修补与调整，如当下各个高校热衷搞的所谓自主招生，以及教师分类改革等，这些措施都是渐进的改良路径，究其本质来说都没有涉及现行教育理念的基本结构。

第二种模式，即尝试改变基本教育范式结构的激进改革。这种改革一旦成功对于教育改革的示范作用影响巨大。朱清时先生倡导的高等教育改革之所以引起国人的极大关注，是因为，公众期待朱先生通过激进的教育范式的结构转型，带来全新的教育状态与绩效，以此吹响中国高等教育改革的真正号角。遗憾的是，据目前公布的信息推测，这次改革极有可能跌回到第一种改革模式。如果此次改革硕果仅存的自主招生与自颁学位也被否定，那么，可以初步认定这次教育改革基本失败。即便如此，朱先生也为中国的教改事业迈出了艰难的第一步，虽败犹荣。

第三种模式：中外合作办学。这相对来说还是一项比较新的事业，关于中外合作办学所依据的法律文件《中华人民共和国中外合作办学条例》，也仅仅是2003年颁布实施的。这部法律文件其内容共计8章64节。其教育理念与国内高校没有实质性的差异，所不同的只是多了不同的参与主体而已，强调了外方参与主体的条件与法律责任问题。并没有体现出全新的教育理念，因此，这种模式的教育改革留有的自由空间并不是很大，但是即便如此，国内高校还是给予了积极地响应。比如 2013 年开始招生的上海纽约大学，是由中国华东师范大学与美国纽约大学合作共同创立的大学，也是时至今日第一所获得教育部批准的中美合作大学。之所以会出现这种情况，是因为，教育本身是有规律的，在其发展过程中总会有无数新问题涌现，这些都是原有的教育理念和结构框架无法预先划定的，这就给未来的教育实践留出宝贵的自由裁量空间，改革的生命力也正是蕴含在开放的未来之中。也许更为振奋人心的消息是国外高校开始进入中国教育市场，真正的竞争开始呈现，虽然目前这种力量还比较薄弱，但是市场的选择会倒逼中国高等教育范式进行改革。

综上所述，中国的高等教育改革远未完成艰难的破冰之旅，但是，也不用为此感到沮丧，毕竟教育改革的大门已经打开，一些光亮已经投射进来，路就在扑朔迷离的前方。为了确立新的教育改革路线图，我们需要的是大无畏的探索勇气和对于教育的拳拳之心。

中国科研中的合作困境问题

大科学时代,由于科学问题日益呈现出交叉性与高度复杂性的特点,导致科技活动在社会行为层面就表现为越发紧密的科技共同体之间的合作特性,从这个意义上说,合作的质量与效率问题就成为当下科技管理的一个急需关注的问题。由于合作是以隐秘的关系的形式存在的,这就导致对于合作的测评比较困难,这也是一个世界性的科技管理难题,相比较于科技发达国家而言,由于中国科学场域内缺少一种成熟的自律系统,再加上科技体制改革的严重滞后,导致科技合作的质量与效率更是处于一种极度混乱的困境状态。基于上述理解,本文尝试解决如下两个问题:科研合作发生的动力机制以及表现形式;其二,中国科研合作中存在的问题以及可能的解决策略。

为了更好地论述合作问题,需要先做一点背景介绍,众所周知,中国科技领域里最需要合作的地方集中体现在重大科技项目领域,这些具有重大影响的科研项目目前主要有三种类型：即国家科技重大专项、高技术研究发展计划（863 计划）、国家重点基础研究发展计划（973 计划），这些项目的投入动辄数千万元、甚至上亿元。遗憾的是，这些超级项目运行了这么多年，没有多少人真正知道这些重大项目到底取得了什么样的重大科技成果，以及对于国家整体科技实力的提升做出了哪些实质性贡献？更让人愤怒的是，时至今日，关于这些耗资巨大的重大项目的详细信息都无从查找，仿佛它们从来不曾真实地存在过似的。2012 年，国家安排了 1 701 项科技支撑计划课题，1 165 项“863”计划课题（数据来源于国家统计局《2012 年国民经济与社会发展统计会报》）。这些项目的投入规模即便放到世界范围内来看，也可算大项目了，然而取得的实际科研成果与社会效益却是乏善可陈。不客气地说，这些泛滥的重大项目，对于中国科技界造成了两种伤害：其一，重大项目毁掉了踏实的学术；其二，重大项目破坏了学界的纯正风气，搞得科学界帮派林立，结党营私。笔者以前曾撰文指出：抛开这些项目取得的成就不谈，仅从经济学的投入—产出来分析，这些项目的过多过滥也是极度不经济的。为了使中国科技界进入真正的竞争状态并呈现出勃勃生机，而不是陷入死气沉沉的科技垄断局面，国家应该大力缩减甚至取消那些名实不符的所谓重大项目，提高科技资源的利用效率。改革那些以项目替代承认的教条化激励机制，这应该是当下中国科技体制改革的最为合适的切入点。

这些重大项目之所以如此低效,并饱受国人诟病,究其原因,其中之一就是隐藏在项目背后的合作机制从申报开始就处于一种极度扭曲的状态。合作是当今科学发展的复杂性带来的必然结果,单凭个人的单打独斗已经无法胜任,只有通过合作才能更好、更快地解决科技难题。但是要使合作真正发挥合力作用,却是需要一些严格条件的。随着所处社会环境的不同,合作发挥作用的模式也是完全不同的。在一个民主机制健全的社会里,一个有效的合作,只要基于信任机制并本着公平原则,合作机制就会正常运转。但是在一个民主机制不健全的社会里,合作就演变为极为低效的利益博弈,由于共同体之间缺少良好的信任机制,以及公平原则,合作双方就处于一种类似于囚徒困境的博弈局面,结果就是合作效率比较低下,甚至根本无法形成有效的合作。

为了简化起见,我们只谈中国社会背景下的合作问题。通常来讲,重大项目都有一个主持人(召集人)负责项目的整体框架设计,然后设置若干个子课题,以此实现项目设计初衷。在这个过程中,合作遇到的主要问题就是科研团队的组建问题。一般来说,科研团队的形式根据声望的大小主要有两种:声望较小的朴素团队与声望较高的豪华团队。在一个威权社会,最有效率的合作模式则是朴素型团队，其结构是垂直的金字塔型，各子课题的负责人的声望不如项目主持人的声望。这种模式的最大特点就是保证了主持人与子课题负责人之间存在一个可见的声望梯度，这种声望梯度造成的压力会驱动团体保持服从的状态。一旦课题中标，各子课题的负责人囿于对主持人权威的恐惧，会比较好地执行合作规定的任务，其困境在于利益分配的不公造成合作效率损失，这也是目前中国科研环境下最有效率的合作模式。但是，朴素团队面临的最大问题就是在当前的科技评价体制下，朴素团队在申报过程中最容易被大势力集团阻击，往往得不到项目，成为申报过程的生动陪衬。因此，以项目成功申报为目的的团队建设就进入另一种更为低效的模式——豪华科研团队。这也是当下中国科技界最为热衷的团队建设模式。豪华团队的最大看点就是阵容与各种数据非常漂亮，很有诱惑性。在功能上看，科研合作是一种没有法律强制力的松散合作，依赖于合作成员之间的自律与道德约束。如果团队阵容是一种组合型的豪华团队，就意味着团队内具有多个几乎拥有相等声望的人，因此，在团队内就无法形成有效的声望梯度差，导致整个团队从结构上处于一种平行状态，这就造成任务运行的驱动机制失灵，最后合作就演变为一种肮脏的利益分配，变相地哄抢国家资源，合作的最终结果就是一个散乱的成果拼盘，与申报的初始目标存在天壤之别。笔者曾戏言：采用当下的合作模式,绝难造出两弹一星。

豪华团队之所以容易中标,是因为这些虚假合作背后的运行机制是一种交易,这才是重大项目里合作效率低的根源所在。豪华团队吸纳了本领域中诸多具有高声望资本的人,这些人对于该学科拥有很大的话语权,其本身大多拥有众多科研项目要做,本已没有精力和时间再参与合作研究,但是为了使自身利益最大化,这些拥有高声望资本的人为了占有更多的资源,采取了一种学术资本炼金术的策略,即出租自己的声誉资本,以此帮助申报方获得项目,然后以子课题的形式换取自己声望资本应得的利益或租金。这种合作模式,对于申报方来讲是一种双赢行为,因为通过这种利益输送,双方形成了牢固的利益联盟,同时这种利益让渡,也为今后的换票行为的实现奠定了基础。豪华团队,不但容易中标,而且也便于课题结项。一个豪华团队几乎囊括了本领域的主要专家,试问还有哪个评审人敢于轻易否定或阻击拼盘项目的结题呢,毕竟对于个人而言,那样做的代价太大了。在扭曲的科技评价体制下,个体为了中标,不惜采取投其所好的机会主义策略,毕竟理性人总是要使行动趋向于利益最大化的轨迹,这原本是可以原谅的,但无人为此负责,充其量只能说是一种平庸的罪恶,因为错误出在制度安排的扭曲与认知误区上。从这意义上说,重大项目以及由此衍生出来的豪华团队,既毁掉了学术,也败坏了学术界的纯正风气。结果就是中国科技界出现了无比荒谬的景象：重大项目琳琅满目，重大成就寥寥无几。笔者一直想做两个排行榜：一个是科技界富翁排行榜；另一个是成就排行榜。目的在于检测两种有疑问的观点：其一，对于管理者而言，相信大项目会出大成果；其二，对于申报者而言，大项目等同于学术贡献与承认。不知结果会怎样，不过今天科技界的景象可以说造就了无数赢家，但只有国家输了？谁来买单呢？

美国政治学家乔恩·埃尔斯特曾说：当利益代替名誉的时候，当权力用来出售的时候，交往就变得不可预测和不具有合作性。在科技体制改革没有根本性变化的今天，大力缩减甚至取消那些大而无当的所谓重大项目，恰恰是对于宝贵科技资源的最好保护，同时，也是对于科技界的真正爱护。科技体制改革的一个纲领性的目标就是要最大限度地降低合作的交易成本，让科技界干净一些、纯粹一些，把共同体的价值追求导向真理而非利益的合作。

“破窗效应”和学术诚信

近日来中国学术界热闹非凡，先有“千人计划”学者王志国教授由于论文造假的学术不端行为被推向风口浪尖，紧随其后，又爆出6名专家实名举报中国农业大学前校长石元春的学术不端事件。两起事件的共同点就是，当事人都是学界翘楚，事件发生后都没有机构愿意受理此事。

在舆论的介入下，事态的发展正向纵深挺进，暂且不论事件的最终处理结果如何，结合这几年陆续曝光的严重学术不端事件，不客气地说，中国学术界的诚信机制已经濒临破产，出现了大范围的诚信赤字，是到了该彻底采取行动的时候了。否则，任由事态发展，中国的科研环境将彻底毁坏。基于这种理解，我们有理由探讨一下造成中国科技界出现诚信赤字的原因，以及相应的解决措施。

破窗理论与制度性诚信赤字的形成

犯罪学上有一个理论叫破窗理论(Broken windows theory)。据维基百科介绍,该理论是由美国政策科学家詹姆士·威尔逊(James Q. Wilson)与美国犯罪学家乔治·凯林(George L. Kelling)率先提出的,并刊于《大西洋月刊》(《The Atlantic Monthly》)1982年3月出版的一篇题为《破窗》(Broken Windows)的文章里。此理论认为环境中的不良现象如果被放任存在,会诱使人们仿效,甚至变本加厉。就如同一幢大楼的某个窗玻璃被打破后,如果不及时采取措施,最后整幢大楼的玻璃都会被打破。

该理论反映的是环境对个体行为的引导作用,虽然一经提出就遭遇了很多争议,不过目前的证据显示,它得到了越来越多的事实支持。乔治·凯琳后来与人合作,对该理论进行了完善与细化,并在1996年出版了《修补破窗》(Fixing Broken Windows),其中心观点是说:执法者应尽早识别及紧密留意和控制高危人群,另外必须保护守法的青少年,同时要促进居民参与维持公众治安,及协调社区内不同的团体处理治安问题。基于上面的简单理论介绍,我们可以把这种理论用于中国学术界失范现象的分析,中国学术界也正在经历破窗效应。

根据我们的研究，可以把中国学术界失范现象定位为制度性诚信赤字。这种界定指涉了两个问题：首先，中国学术界出现的乱象已非单纯的个体行为，而是一种制度性后果。其次，对于中国学术界的诚信存量，我们给出了一个判断，即我们的诚信总量已经处于赤字阶段，这与财政赤字概念很类似，但它比财政赤字的危害更大，而且也更难治愈。

对于这两种情况还要简单分析一下。我们知道制度在人的行为中扮演了重要作用，这些作用的发挥是通过制度的构成要素实现的，构成制度的要素有三个，分别是：规制性要素、规范性要素与文化—认知要素，这三大要素对于个体行为的约束力量由强变弱。换言之，正是由于制度所具有的强大规制性力量，它才能对个体行为起到强制性的规训作用。由此形成了群体之间的规范性行为以及与制度相关的文化—认知模式。一项制度失灵，首先是从制度的规制性力量的毁坏开始的，它不再对组织内的个体形成有效的威慑与引导作用，那么，由制度衍生的其他要素也随之开始衰落，最后制度开始变得整体失灵。

目前中国科技界出现的问题就是相应的规制性力量开始失去作用的经典例子，如果不及时处理，那么构成制度的其他要素也会像多米诺骨牌那样依次倒掉，逐渐不再发挥作用，最后制度彻底死掉。基于上述理论分析，我们不难理解这种判断。

这几年出现的重大学术不端事件，当事人都是科技界的精英，他们一次次挑战制度的规制性要素，就如同一幢大楼的几块玻璃被胆大妄为者率先打破，然而这些打破窗玻璃的人由于自身的位高权重，一直没有得到有效的惩处。巨大的现实收益与微不足道的潜在惩罚成本，导致仿效者逐渐增多，大楼的玻璃开始大范围出现被打破的情形，结果破窗现象开始蔓延。这就是中国科技界出现大范围失范现象的内在机制与成因。

我们还需要对科技界的诚信总量进行一些简单分析。对于一个共同体而言，科研诚信总量是一个历史性的诚信累积之和，每一代人都要继承上一代人留下的诚信总量，它的显著特点就是：它是一个集体性的宏观总量，是由不同历史时期的共同体成员的诚信量累积形成的。我们每个人都是历史遗产的继承者也是创造者，不同时代的人都应该为之添砖加瓦，只有这样，一个群体的声誉才能得以在历史中延续。否则，如果只消费历史遗产，那么历史遗留下来的声誉总量很快就会被挥霍一空。

从这个意义上说，这种历史遗产一旦形成，就不再是私人财产，而是公共财产，每个人都有权去分享它的荣耀，也有责任去维护与捍卫它的声誉。如果我们承认诚信总量是一种公共物品的话，那么就会出现一种很难处理的搭便车问题,其根源在于诚信总量的产权无法界定。如果制度不能有效地保护诚信机制,历史积攒下的诚信总量就会沦落为公地悲剧的命运。一旦这种历史荣耀被毁坏,我们每个人的利益都会受损。这也是我们努力捍卫诚信的深层原因。因此捍卫科研诚信不仅仅是共同体成员的权利,也是神圣的责任。制度的作用,也在于保护这种历史财产不被某些人挪作他用,从而造成共同体整体利益的损失。只要想一下知识分子在社会中所具有的崇高声誉,就不难理解这些历史遗产的价值。

诚信赤字的危害以及防治对策

可以说,诚信是整个社会有序运行的纽带,按照英国社会学家吉登斯的说法:当代社会是一个脱域的社会,它的运行依靠两种机制:象征标志与专家系统。这两种机制得以存在的基础就在于诚信。一旦诚信机制出现问题,社会的运行成本将快速增加,人与人之间的交易成本也将随之快速上升,导致社会扭曲。

对于科技界而言,诚信更是科技界的生命线,一旦科技界出现严重的诚信赤字,科技界赖以存在的基础也就随之崩溃了。科技界之所以能够有序运行,得益于历史积攒下的诚信总量。个别专家为了一己之私利,不惜以挥霍共同体诚信总量的方式获得不当利益，一旦事情被揭露出来，而又没有得到有效的及时处理，诚信总量就会被更多的效仿者偷盗，造成诚信存量快速减少，随后的破窗效应则导致违规者迅速蔓延，专家群体出现整体性诚信赤字，专家的社会认同感快速消失，最后专家也就真的变成了“砖家”。

众所周知，学术界是以拥有学术资本的多少作为分层依据的，科技界积攒学术资本的途径就是通过艰苦的工作与激烈的竞争来获得整个社会的承认。这个过程是很漫长也很艰苦的，个别违规者为了在竞争中快速胜出，通过采取学术不端行为，以此达到快速积攒学术资本的目的，从而实现赢者通吃的局面，但学术资本的有效性是以诚信机制做背书的。如果违规者得不到及时处理，那些诚实工作的人就处于利益受损的不公平竞争状态。

中国科技界诚信赤字的破窗效应之所以愈演愈烈，根本原因就在于有效的监督与惩处机制几乎完全处于失灵状态，诚实工作得不到有效保护。从目前已曝光的学术不端事件来看，中国科研不端行为的惩罚上限仅到一般教授级别，对更高级别的学术不端行为的惩罚迟迟难以展开，这就出现了只打苍蝇不打老虎的局面，对于科技界的破窗效应的修补意义不大。科技界奉行的原则是赢者通吃，因此，位高权重者的学术不端行为对学术界的危害也就越大。

中国不缺各类惩治学术不端行为的机构，如各个层次的学术道德委员会、学风建设委员会、科研诚信办公室等，所缺的是这些机构为何整体处于不作为的失灵状态？这是很有意思的问题。其实，这与中国的特殊政治架构有关。比如，中国大学与研究机构的主要领导都是上级任命的，他们与上级机构之间有着千丝万缕的联系，即便这些人出现学术不端事件，作为上级机构本身也不想否定这些人，因为那相当于否定自己的任命。这种背景就决定了主管部门下设的学术道德委员会只能处于不作为状态。

造成监督机构不作为的第二种原因就是这些机构独立性不强，以及缺乏机构独立运行的经费支持。很多学术不端事件调查起来并不难，难的是一旦确认该如何处置他们？对于烫手山芋的最好做法就是不接手。由于机构之间千丝万缕的联系以及资源分配的权力垄断模式，造成利益切割不干净，导致学术界的监督机构几乎形同虚设，这才是当下中国学术界破窗效应愈演愈烈的根本原因。

在中国当前的形势下，如何解决科技界日益严重的制度性诚信赤字问题，在笔者看来，制度建设是关键。本文建议采取分级监督的模式，尤其是对于高级别的学术不端事件，国家应该成立一个独立的监督机构，并提供固定的人员编制与经费支持，让这个机构负责处理高级别的学术不端事件，这个机构受整个社会的监督；低级别学术不端事件沿用现有的监督机构即可，毕竟这个群体的影响力有限，处理起来阻力不是很大。

通过引入司法程序来遏制学术不端事件也是不错的选择,毕竟法律的强制性是非常强的。学者张九庆撰文建议对学术不端行为采取法律规制的办法,笔者认为这个建议是可行的,对于快速缓解诚信赤字具有事半功倍的效果。

世界上科研诚信做得比较好的国家具有一个共性经验,即学术不端事件一旦被发现,违规者的违规成本将远远大于违规收益,违规相当于自杀,使违规成为最不经济的行为。中国科技界当下最荒谬的地方在于违规者的收益远远大于违规成本,这种境况如何能遏制科技界的破窗效应呢?我们还有多少诚信库存经得起如此挥霍?

后记

回首过往的十年，挈妇将雏如旅人一般，行色匆忙的足迹在三个异乡的城市间完成了一个小循环，如今人到中年，安静地蛰居在某个屋檐下，总会在不经意间一次次在心底升起一堆疑问：路上的岁月我们在寻找什么？是否我们早已忘掉了选择在路上的最初原因？我无法确定那些心理内容是否曾被替换或者修改：从高贵到世俗只是一念之间的事。苏格拉底那句曾温暖过内心的话：永远走向上的道路。今天想来已成一种残存的理想，在屋檐的上方不悲不喜，不离不弃。不管怎样，我们还会时常在疲惫中记起柏拉图的目光：我们的生活富于道德意义。因此也印证了自己多年前的一句话：破碎的坚持。

这些年的生活基本上可以用潦草来形容，而潦草生活的一个基本特征就是：下落不明与无法辨认，这两种状态我都经历了。所谓潦草无非是指在各种条件下写字出现不易辨识的情况，不易辨识不意味着永远无法认识，只是我们不知道自己什么时候还会认出那些折叠与扭曲的文字，由此，造成经验链条的断裂，那些下落不明的生活与此有关。

按照哲学家胡塞尔的现象学说法，从自我——我思——所思之物这样的一个结构中，我们有必要看看那些潦草生活的本质是什么？如果通过经验直观，我们悬置那些无关紧要的因素，既可以获得一种本质：匆忙导致潦草（技术导致的潦草可以排除），所以潦草的本质就是生活的匆忙。那么我们为何匆忙？当匆忙是由被促逼（被迫状态）的事情决定的，那么人是不自由的；当匆忙是为了欲望，那么人也是不自由的。只是两种不自由是性质完全不同的：一则主动不自由，另则被动不自由。想想自己的前半生多半是被生活追赶着，是一种被动的不自由，那些潦草的年月多半与此有关。在这个荒谬的年代，竟然有人用主动的不自由来蔑视被动的不自由，有时真的很难理解，也令人哭笑不得。难道我们一定要用更加荒谬来战胜荒谬本身吗？匆忙的工作、匆忙的生活、匆忙地在路上，匆忙的停留以及匆忙的离去，还有那些惊鸿一瞥的瞬间，一些本质的东西就这样被潦草地掩盖了，我们来不及道说深藏心底多年的热爱与感激，一切都已时过境迁。如果人生能够潦草到彻底看不清底色倒也省心，问题是我们总是能够在某个不经意的瞬间想到那些曾经潦草生活的本意，而一切早已物是人非，内心徒生强烈的失落感。信仰者必被信仰所误，潦草者必为潦草的不彻底而承担无边的痛苦。

这本小书里的文字是那些潦草岁月中的一些坚持的记录，它记录下匆忙岁月中的一段安宁的时光：那里有亲人们的鼓励与支持、朋友们的注视以及志同道合者的呼唤，更有匆忙离去的悲伤。所有这一切都把那些虚无的时光撕开，然后有光亮和温暖投射进来，我们相互看到，那些熟悉的语词连同那群疲惫的个体仍还在路上，在街角我们又会听到那些出发的声音在回响。此刻在驿站的门廊里，我要刻下那些朋友的名字：感谢曹保印先生的热情相邀，由此促成此书的写作；还要感谢我多年的同事与朋友江晓原教授、关增建教授、纪志刚教授、钮卫星教授、殷杰教授、薛勇民教授、包国光教授、邢润川教授、韩来平教授、赵冬教授、刘兵教授、刘华杰教授、田松教授、贾玉树教授、尚东涛教授、陈学东博士、左高山教授、蒋美仕教授、李建华教授、王子彦教授、李强副教授，最后，还要感谢我的爱人张丽娟。

让思想走在前面，让我们在这个年龄再一次开始出发！

科学人文书系

《谁在让子弹飞》　曹保印　著
《守旧与更新》　葛剑雄　著
《教育的智慧》　杨东平　著
《察有所思》　信力建　著
《警惕科学》　田　松　著
《寻找江河》　汪永晨　著
《素食男的一千零一夜》　蒋劲松　著
《一个人的云世界》　李多钰　著
《科技政策:分配与规训的技术》　李　侠　著
《孤独是不人道的》　郭　鹏　著